国家出版基金项目
NATIONAL PUBLICATION FOUNDATION

中国茶树品种资源志

（下卷）茶树野生珍稀资源

姚明哲 陈亮 马建强 主编

中国农业科学技术出版社

图书在版编目（CIP）数据

中国茶树品种资源志．下卷，茶树野生珍稀资源 / 姚明哲，陈亮，马建强主编． -- 北京：中国农业科学技术出版社，2024.7
ISBN 978-7-5116-6701-4

Ⅰ.①中… Ⅱ.①姚…②陈…③马… Ⅲ.①茶树—植物资源—概况—中国 Ⅳ.①S571.1

中国国家版本馆CIP数据核字（2024）第 028569 号

责任编辑　白姗姗
责任校对　李向荣
责任印制　姜义伟　王思文

出 版 者	中国农业科学技术出版社
	北京市中关村南大街 12 号　　邮编：100081
电　　话	（010）82106638（编辑室）　　（010）82106624（发行部）
	（010）82109709（读者服务部）
网　　址	https：// castp.caas.cn
经 销 者	各地新华书店
印 刷 者	北京中科印刷有限公司
开　　本	185 mm×260 mm　1/16
印　　张	23
字　　数	530 千字
版　　次	2024 年 7 月第 1 版　2024 年 7 月第 1 次印刷
定　　价	260.00 元

◀━━▶ 版权所有·侵权必究 ◀━━▶

《中国茶树品种资源志（下卷）：茶树野生珍稀资源》编委会

主　　编　姚明哲　　陈　亮　　马建强

副 主 编　李友勇　　牛素贞　　马春雷

参编人员（按姓氏笔画排序）

马建强	马春雷	王治会	牛素贞	邓慧群
古小玲	宁功伟	刘丁丁	刘玉飞	刘本英
刘佳业	刘硕谦	李　解	李友勇	李红建
杨普香	肖富良	吴华玲	吴佳锴	张月华
张晨禹	陈　亮	陈显富	金基强	庞月兰
赵远艳	姚明哲	秦丹丹	诸葛天秋	黄　鼐
黄海涛	彭　华	蒋会兵	翟秀明	

序 FOREWORD

中国是茶的故乡，是世界茶文化的发祥地。茶树起源于我国西南地区，目前世界上有50多个国家和地区产茶，茶产业为世界人民的健康、就业和福祉，作出了重要贡献。据国际茶叶委员会（ITC，2023）统计，2022年世界茶园面积达到531.8万hm^2，茶叶产量647.7万t，我国分别占全世界茶园面积的62.6%和茶叶产量的49.1%，在世界茶产业中处在举足轻重的地位。

茶树因异花授粉产生广泛的遗传分离，其悠久的栽培利用历史创造和固定了很多有益的变异，形成了遗传多样性非常丰富的种质资源，为新品种选育提供了极其多样的物质基础。种业是农业的"芯片"，众多的茶树优良品种为我国茶产业高质量发展提供了种业保障。

中国农业科学院茶叶研究所牵头组织我国茶树遗传育种有关单位，先后已经编辑出版了《中国茶树优良品种集》《中国茶树品种志》《中国无性系茶树品种志》等新品种专著。按2016年实施的《中华人民共和国种子法》要求，茶树作为非主要农作物需要进行品种登记；而植物新品种保护作为知识产权保护的重要组成部分，越来越受到育种者和业界的重视。在国家出版基金资助下，中国农业科学院茶叶研究所国家茶树种质资源圃（杭州）和国家茶树改良中心的陈亮研究员、姚明哲研究员和马建强研究员等，共同组织全国有关茶树育种的大学和科研院所，历时3年组织编撰《中国茶树品种资源志》（3卷），包括上卷《茶树登记品种》、中卷《茶树授权品种》和下卷《茶树野生珍稀资源》。本次茶树品种资源丛书的出版，将为茶产业、广大茶农和读者提供系统全面、权威翔实的茶树品种资源资料，也为茶树资源保护、种质创新利用和新品种选育等指明了发展方向。

祝愿《中国茶树品种资源志》为发展我国茶学科研事业，促进茶产业高质量发展，为了人民健康美好生活，作出应有的贡献。

中国工程院院士
中国农业科学院茶叶研究所研究员
中国茶叶学会名誉理事长　陈宗懋
2024年7月

前言

  茶树原产于我国，在云南、广西、贵州、四川等西南山区原始密林中分布着大量的野生茶树居群，经过长期的自然演化形成了丰富的遗传多样性。20世纪80年代，在大量实地考察和调查的基础上，我国发现并命名的野生茶树种类高达40多个，尽管直到今天，植物分类专家仍对茶树分类问题争论不休，但不可否认的是几乎所有的茶树种类均可在我国发现，且90%以上的种为我国特有的种，奠定了我国作为茶组植物分布中心和多样性中心的地位。同时，我国还是最早发现和利用茶树的国家，在先民长期的人工驯化和选择过程中，培育了遗传变异极其丰富的地方品种。这些茶树品种经过不断改良和传播，保障了我国茶产业历经千年而不衰、茶文化源远流长。

  缺乏优异的基因资源，茶树突破性育种就如同无源之水。野生近缘种和地方品种是非常珍贵的种质资源，往往携带着控制产量、品质、抗性等重要性状的基因。因此，系统开展茶树种质资源的收集保存和精准鉴定评价，是保护、发掘和利用优异种质资源的前提。尤其传统茶产业如今正面临升级改造、培育新质生产力等难题，对茶树新品种、茶产业科技创新能力的要求越来越高，使得茶树优异资源的发掘和利用就显得愈发必要和紧迫。

  在国家出版基金的资助下，为更好地让大家了解我国丰富多样的茶树品种资源，促进其保护和利用，中国农业科学技术出版社组织了《中国茶树品种资源志》的出版。本书作为《中国茶树品种资源志》下卷，是在总结近年来茶树种质资源收集保存、鉴定评价工作的基础上，重点针对野生茶树（包括野生近缘种和处于野生状态的栽培型茶树）以及发掘的优异种质，以图文形式从植物学特征、生物学特性、品质特征及抗性等方面系统介绍了其性状特点。

  本书共分三部分，第一部分简要介绍我国野生珍稀种质收集保存、鉴定评价情况，第二部分重点介绍了大厂茶、大理茶、厚轴茶、秃房茶、毛叶茶、防城茶等野生茶树共计100份；第三部分重点介绍了近年来鉴定发掘的形态、品质、抗病虫等性状特异的珍稀茶树种质约50份。

在本书编写过程中,得到了中国农业科学技术出版社原总编辑周亮研究员、现总编辑沈银书研究员,中国农业科学院茶叶研究所所长姜仁华等领导和专家的关心支持,白姗姗、徐定娜、朱绯老师为本书编辑出版付出了艰辛的努力,研究生厉媛媛、王梦云等参与了部分文稿整理工作,在此表示衷心感谢!

本书兼具学术性和科普性,是茶叶专业技术人员、茶文化爱好者、茶学本科生和研究生的参考图书。由于我国野生茶树种类多、分布广,本书难以覆盖全面,展示的野生茶树资源仅是沧海一粟;且茶树种质资源鉴定评价易受外界环境影响,需要多年多点观测才能更加精准,本书提供的数据仅代表原产地或保存地的观测结果,可能有所偏差,仅供参考。由于撰写时间紧,涉及面广,不足和错误之处在所难免,恳请读者批评指正!

目 录
CONTENTS

第一章 我国茶树野生珍稀资源概况 ... 1
第一节 植物学分类 ... 3
一、Sealy茶树分类 ... 5
二、张宏达茶树分类 ... 5
三、闵天禄茶树分类 ... 8
四、陈亮茶树分类 ... 10
第二节 茶树野生珍稀资源的地理分布 ... 10
一、主要自然分布区 ... 10
二、国内分布情况 ... 11
第三节 茶树野生珍稀资源的收集保存 ... 15
一、茶树种质资源的考察与收集 ... 15
二、茶树种质资源取样策略研究 ... 16
第四节 茶树野生珍稀资源的鉴定评价 ... 18
一、茶树种质资源鉴定评价技术的标准化 ... 18
二、表型鉴定评价及核心种质构建 ... 21
三、重要品质成分鉴定评价 ... 23
四、我国茶树种质资源基因多样性评估 ... 25
第五节 野生珍稀资源的保护和利用 ... 31
一、野生茶树资源面临的生存现状 ... 32
二、野生茶树资源的保护策略 ... 32
三、野生茶树资源的保护建议 ... 32

第二章 我国代表性野生茶树图谱 ... 35
第一节 大厂茶 ... 37
大厂大茶树1号 ... 38
下金厂大茶树1号 ... 40

四球古茶1号	42
四球古茶2号	44
平塘1号	46
兴义1号	48
惠水1号	50

第二节　大理茶　53

千家寨大茶树	54
巴达大茶树2号	56
滑竹梁子大茶树1号	58
滑竹梁子大茶树2号	60
滑竹梁子大茶树3号	62
帕真大茶树1号	64
帕真大茶树2号	66
邦崴大茶树1号	68
邦马大雪山大茶树1号	70
邦马大雪山大茶树2号	72
多依寨大茶树1号	74
多依寨大茶树2号	76
黑条子茶	78
本山茶	80
香竹箐大茶树（锦绣茶尊）	82
小古德大茶树1号	84
小古德大茶树2号	86
大核桃箐大茶树1号	88
大核桃箐茶后	90
感通寺大茶树	92
石佛山大茶树	94
荷花村山茶	96
瑞丽野茶	98
景坎野茶	100
核桃寨大茶树1号	102
核桃寨大茶树2号	104

第三节　厚轴茶　107

法古大茶树1号	108
法古大茶树2号	110
老君山大茶树1号	112

老君山大茶树2号 ································ 114
　　新街大茶树1号 ································ 116
　　新街大茶树2号 ································ 118
　　古林箐大茶树1号 ································ 120
　　古林箐大茶树2号 ································ 122
　　古林箐大茶树3号 ································ 124
　　二台坡大茶树1号 ································ 126
　　大围山大茶树1号 ································ 128
　　大围山大茶树2号 ································ 130
　　故支白大茶树1号 ································ 132
　　清水大茶 ································ 134

第四节　秃房茶　137
　　都江2号 ································ 138
　　九阡1号 ································ 140
　　道真1号 ································ 142
　　金沙2号 ································ 144
　　榕江1号 ································ 146
　　七星关2号 ································ 148
　　桐梓1号 ································ 150
　　务川1号 ································ 152
　　南川大茶树1号 ································ 154
　　南川大茶树2号 ································ 156
　　綦江大茶树1号 ································ 158
　　万盛大茶树1号 ································ 160
　　万盛大茶树2号 ································ 162
　　江津大茶树1号 ································ 164

第五节　毛叶茶　167
　　南昆山毛叶茶4号 ································ 168
　　南昆山毛叶茶27号 ································ 170
　　南昆山毛叶茶36号 ································ 172
　　南昆山毛叶茶86号 ································ 174
　　古洞毛叶茶 ································ 176
　　惠东毛叶茶 ································ 178

第六节　防城茶　181
　　防城茶1号 ································ 182
　　防城茶2号 ································ 184

防城茶3号 ……………………………………………… 186
第七节　其他野生茶树
二嘎子茶王 ……………………………………………… 188
紫果茶 …………………………………………………… 190
古障大茶树 ……………………………………………… 192
西林平老屯4号 ………………………………………… 194
姑辽茶 …………………………………………………… 196
金秀白牛茶 ……………………………………………… 198
三江牙己茶 ……………………………………………… 200
壮帽山茶 ………………………………………………… 202
开山白毛茶 ……………………………………………… 204
龙胜田坳山1号 ………………………………………… 206
龙胜李江村1号 ………………………………………… 208
龙胜荔枝沟野茶 ………………………………………… 210
龙胜泥塘村1号 ………………………………………… 212
江华苦茶 ………………………………………………… 214
城步峒茶 ………………………………………………… 216
汝城白毛茶 ……………………………………………… 218
莽山野茶 ………………………………………………… 220
桂东野茶 ………………………………………………… 222
桂丁茶 …………………………………………………… 224
新化野茶 ………………………………………………… 226
石门野茶 ………………………………………………… 228
道溪野茶 ………………………………………………… 230
鸠坑大茶树 ……………………………………………… 232
遂川上坳野茶 …………………………………………… 234
宁都小布野茶 …………………………………………… 236
崇义聂都苦茶 …………………………………………… 238
于都靖石野茶 …………………………………………… 240
安远九龙山野茶 ………………………………………… 242
寻乌上平野茶 …………………………………………… 244
全南分水野茶 …………………………………………… 246

第三章　我国珍稀特异品种图谱 ……………………… 249
第一节　枝条形态变异品种 ……………………………… 250
福建奇曲 ………………………………………………… 250

　　　　涟源奇曲 ··· 252

第二节　新梢芽叶白（黄）化变异品种 ·· 254
　　　　白鸡冠 ··· 254
　　　　黄金菊 ··· 256
　　　　越乡白茶 ··· 258
　　　　天台白茶 ··· 260
　　　　御金香 ··· 262
　　　　安吉黄茶 ··· 264
　　　　黄金芽 ··· 266
　　　　花叶 ·· 268
　　　　景宁白茶1号 ··· 270
　　　　景宁白茶2号 ··· 272
　　　　小叶白茶 ··· 274
　　　　金边绿叶茶 ··· 276

第三节　新梢芽叶紫色变异（高花青素）品种 ··· 278
　　　　四球红玉 ··· 278
　　　　龙井紫芽 ··· 280
　　　　格8-7 ·· 282
　　　　短柱原茶 ··· 284
　　　　建始4号 ··· 286
　　　　罗定红芽 ··· 288
　　　　湄潭6001 ··· 290
　　　　巫山4号 ··· 292
　　　　资源云雾 ··· 294
　　　　水塘黑茶 ··· 296

第四节　叶片大小特异品种 ·· 298
　　一、特大叶品种 ·· 298
　　　　蒙蒙茶 ··· 298
　　　　斗烘坡大茶树 ··· 300
　　　　海南大叶茶 ··· 302
　　二、特小叶品种 ·· 304
　　　　龙井瓜子茶 ··· 304
　　　　碧螺春 ··· 306
　　　　瓜子金 ··· 308

第五节　特早生品种 ··· 310
　　　　平阳特早茶 ··· 310

黄叶早	312
嘉茗1号	314
白毫早	316

第六节　叶片形态特异品种 ... 318

一、叶片呈披针形特异品种 ... 318
綦江柳叶茶 ... 318

二、叶片呈卵圆形特异品种 ... 320
红芽佛手 ... 320

三、具有芽鞘的特异品种 ... 322
琴清绿叶 ... 322

四、叶片着生高度上斜的特异品种 ... 324
贵州丛茶 ... 324

第七节　品质成分特异品种 ... 326

一、低（无）咖啡碱品种 ... 326
麻栗坡7号 ... 326
红芽茶5号 ... 328

二、高儿茶素或甲基化儿茶素特异品种 ... 330
双柏7号 ... 330
白芽茶32号 ... 332
中茶紫凝 ... 334

三、高氨基酸（茶氨酸）特异品种 ... 336
黄金茶 ... 336

四、高苦茶碱品种 ... 338
聂都2号 ... 338
聂都3号 ... 340
乳源柳坑茶 ... 342
中流苦茶 ... 344

第八节　高抗病虫特异品种 ... 346
武夷82 ... 346
满地红 ... 348

参考文献 ... 350

第一章

我国茶树野生珍稀资源概况

我国是茶树的原产地，拥有世界上最为丰富的茶树种质资源。唐代陆羽在《茶经》中描述："茶者，南方之嘉木也，一尺二尺，乃至数十尺。其巴山峡川有两人合抱者，伐而掇之，其树如瓜芦，叶如栀子，花如白蔷薇，实如栟榈，蒂如丁香，根如胡桃。"不仅采用类比的方式形象地描述了茶树的形态特征，还表明了我国茶树种质资源的遗传多样性。

茶树野生近缘种及栽培品种中蕴含着广泛的基因变异，呈现出植物学形态特征、茶叶功能成分和制茶品质、生物和非生物胁迫抗性等方面的遗传多样性。野生珍稀茶树是茶树基因多样性宝库，做好其种质资源的保护、发掘和创新利用将促进我国茶树育种取得新突破，并进一步夯实我国茶产业高质量发展的种源基础。

第一节 植物学分类

茶树是多年生木本植物，属于山茶科（Theaceae）山茶属（*Camellia* L.）。狭义上，茶树仅指目前生产上栽培的茶［*C. sinensis*（L.）O. Kuntze］这一种（含变种、变型等）。广义上，茶树是指茶组［Section *Thea*（L.）Dyer］这一类植物，不仅包括了目前广泛栽培的茶树，还包括多个茶树野生近缘种。其主要形态特征为：常绿乔木、小乔木或灌木，花1～3朵腋生，白色，有花柄；苞片2～3（4）个，生于花柄基部，早落；萼片5～7枚宿存；花瓣（5）6～11（15）枚，近离生；雄蕊多数，3～4轮，外轮近离生；子房3～5室，有或无茸毛，花柱先端（2）3～5（7）裂。蒴果扁球形或圆球形，有中轴；果皮厚或薄，种子无毛。

1753年，瑞典植物学家林奈在 *Species Plantarum* 中将茶树定名为 *Thea sinensis* L.，茶首次作为合格物种发表（Linnaeus，1753）。Sealy（1958）编著的 *A Revision of the Genus Camellia* 出版，提出了一个包括茶组在内的12个组的山茶属分类系统，该系统包含82个确定种、24个存疑种，标志着现代山茶属植物分类研究的开端。此后，随着野生茶树资源的广泛考察收集，特别是我国20世纪80年代针对云南、贵州、广西等茶树地理起源中心的考察收集行动，先后提出并发表50多个新种（表1-1），进一步丰富了茶树的分类单元（杨世雄，2021a）。

表1-1　1958年至今提出的茶组新分类群

序号	分类群	发表时间	序号	分类群	发表时间
1	*C. waldensae*	胡秀英（1977）	3	*C. taheishanensis*[#]	张芳赐（1980）
2	*C. tachangensis*	张芳赐（1980）	4	*C. fangchengensis*	梁盛业等（1981）

(续表)

序号	分类群	发表时间	序号	分类群	发表时间
5	C. quinquelocularis	张宏达(1981)	28	C. multiplex	张宏达(1984)
6	C. tetracocca	张宏达(1981)	29	C. polyneura	张宏达(1984)
7	C. kwangsiensis	张宏达(1981)	30	C. multisepala	张宏达(1984)
8	C. pentastyla	张宏达(1981)	31	C. sinensis var. kucha	张宏达(1984)
9	C. crassicolumna	张宏达(1981)	32	C. dehungensis*	张宏达(1984)
10	C. crispula	张宏达(1981)	33	C. parvisepaloides*	张宏达(1984)
11	C. gymnogyna	张宏达(1981)	34	C. manglaensis*	谭永济等(1984)
12	C. glaberrima	张宏达(1981)	35	C. yankiangcha*	谭永济等(1984)
13	C. costata	张宏达(1981)	36	C. quinquebracteata*	叶创兴(1987)
14	C. yungkiangensis	张宏达(1981)	37	C. pubescens*	叶创兴(1987)
15	C. kwangtungensis	张宏达(1981)	38	C. danzaiensis	蓝开敏(1989)
16	C. leptophylla	张宏达(1981)	39	C. remotiserrata*	张宏达(1990)
17	C. ptilophylla	张宏达(1981)	40	C. gymnogynoides*	张宏达(1990)
18	C. sinensis var. pubilimba*	张宏达(1981)	41	C. nanchuanica*	张宏达(1990)
19	C. parvisepala	张宏达(1981)	42	C. jinyunshanica*	张宏达(1990)
20	C. angustifolia	张宏达(1981)	43	C. arborescens*	张宏达(1990)
21	C. grandibracteata*	张宏达(1984)	44	C. changningensis*	张芳赐等(1990)
22	C. kwuangnanica	张宏达(1984)	45	C. longlingensis*	张芳赐等(1990)
23	C. atrothea	张宏达(1984)	46	C. dishiensis*	张芳赐等(1990)
24	C. rotundata*	张宏达(1984)	47	C. crassicolumna var. shangbaensis	张芳赐(1997)
25	C. makuanica*	张宏达(1984)	48	C. vidalii[#]	Rosmann(1998)
26	C. haaniensis	张宏达(1984)	49	C. sealyama	闵天禄(1999)
27	C. purpurea	张宏达(1984)	50	C. sinensis var. niaowangensis*	王济红等(2011)

(续表)

序号	分类群	发表时间	序号	分类群	发表时间
51	*C. formosensis*	Su et al.（2011）	53	*C. tenuistipa*	Orel & Curry（2015）
52	*C. concinna*#	Orel & Curry（2015）	54	*C. sinensis* var. *dulcamara*	Le et al.（2020）

注：*栽培茶树；#非茶组植物。

一、Sealy茶树分类

1958年，英国植物学家Sealy将茶组植物分成了5种2变种。

1. *C. gracilipes*（狭叶长柄茶）
2. *C. irrawadiensis*（滇缅茶）
3. *C. pubicosta*（毛肋茶）
4a. *C. sinensis* var. *sinensis*（茶）
4b. *C. sinensis* var. *assamica*（普洱茶）
5. *C. taliensis*（大理茶）

后人通过考证，认为狭叶长柄茶和毛肋茶不属于茶组植物（张宏达，2021）。

二、张宏达茶树分类

1981年，中山大学的植物分类学家张宏达教授依据茶树花器官的分化程度、花柱分裂数、子房茸毛的有无以及子房室数将茶组植物划分为4个系。

Ser. Ⅰ. *Quinquelocularis*（五室茶系）

Ser. Ⅱ. *Pentastylae*（五柱茶系）

Ser. Ⅲ. *Gymnogynae*（秃房茶系）

Ser. Ⅳ. *Sinensis*（茶系）

此后数年，一些新的茶树种类不断被发现，经过两次修订，张宏达在1998年出版的《中国植物志》中将茶组植物修订为4个系32个种（张宏达，1981a，1981b，1984，1998）（表1-2）。

表1-2 张宏达茶组分类表

茶系	种与变种（1981年提出）	种与变种（1984年修订）	种与变种（1998年修订）
Ser. I. *Quinquelocularis*（五室茶系）	1. *C. kwangsiensis*（广西茶） 2. *C. quinquelocularis*（五室茶） 3. *C. tetracocca*（四球茶）	1. *C. kwangsiensis*（广西茶） 2. *C. grandibracteata*（大苞茶） 3. *C. kwangnanica*（广南茶） 4. *C. quinquelocularis*（五室茶） 5. *C. tachangensis*（大厂茶） 6. *C. tetracocca*（四球茶）	1. *C. remotiserrata*（疏齿茶） 2. *C. kwangsiensis*（广西茶） 3. *C. grandibracteata*（大苞茶） 4. *C. kwangnanica*（广南茶） 5. *C. tachangensis*（大厂茶） —— *C. quinquelocularis*（五室茶） —— *C. tetracocca*（四球茶） 6. *C. nanchuanica*（南川茶）
Ser. II. *Pentastylae*（五柱茶系）	4. *C. crassicolumna*（厚轴茶） 5. *C. pentastyla*（五柱茶） 6. *C. taliensis*（大理茶） 7. *C. irrawadiensis*（滇缅茶） 8. *C. crispula*（皱叶茶）	7. *C. crassicolumna*（厚轴茶） 8. *C. pentastyla*（五柱茶） 9. *C. atrothea*（老黑茶） 10. *C. taliensis*（大理茶） 11. *C. irrawadiensis*（滇缅茶） 12. *C. rotundata*（圆基茶） 13. *C. crispula*（皱叶茶） 14. *C. makuanica*（马关茶） 15. *C. haaniensis*（哈尼茶） 16. *C. multiplex*（多瓣茶）	7. *C. crassicolumna*（厚轴茶） 8. *C. rotundata*（圆基茶） 9. *C. crispula*（皱叶茶） 10. *C. atrothea*（老黑茶） 11. *C. makuanica*（马关茶） —— *C. haaniensis*（哈尼茶） —— *C. multiplex*（多瓣茶） 12. *C. pentastyla*（五柱茶） 13. *C. taliensis*（大理茶） 14. *C. irrawadiensis*（滇缅茶）

续表

茶系	种与变种（1981年提出）	种与变种（1984年修订）	种与变种（1998年修订）
Ser. III *Gymnogynae*（秃房茶系）		17. *C. dehungensis*（德宏茶）	15. *C. dehungensis*（德宏茶）
			—— *C. gymnogynoides*（假秃房茶）
		18. *C. leptophylla*（膜叶茶）	16. *C. leptophylla*（膜叶茶）
	9. *C. gymnogyna*（秃房茶）	19. *C. gymnogyna*（秃房茶）	17. *C. gymnogyna*（秃房茶）
	10. *C. costata*（突肋茶）	20. *C. costata*（突肋茶）	18. *C. costata*（突肋茶）
	11. *C. yungkiangensis*（榕江茶）		19. *C. jingyunshanica*（缙云山茶）
		21. *C. parvisepaloides*（拟细萼茶）	20. *C. parvisepaloides*（拟细萼茶）
	12. *C. leptophylla*（膜叶茶）	22. *C. yungkiangensis*（榕江茶）	21. *C. yungkiangensis*（榕江茶）
Ser. IV *Sinenses*（茶系）		23. *C. angustifolia*（狭叶茶）	22. *C. angustifolia*（狭叶茶）
			23. *C. arborescens*（大树茶）
		24. *C. purpurea*（紫果茶）	24. *C. purpurea*（紫果茶）
		25. *C. polyneura*（多脉茶）	
		26a. *C. sinensis* var. *sinensis*（茶）	25a. *C. sinensis*（茶）
	13. *C. pubicosta*（毛肋茶）		
	14. *C. angustifolia*（狭叶茶）		
	15a. *C. sinensis* var. *sinensis*（茶）		
	15b. *C. sinensis* var. *assamica*（普洱茶）	26b. *C. sinensis* var. *pubilimba*（白毛茶）	25b. *C. sinensis* var. *pubilimba*（白毛茶）
	15c. *C. sinensis* var. *pubilimba*（白毛茶）	26c. *C. sinensis* var. *waldenae*（长叶茶）	25c. *C. sinensis* var. *waldenae*（香花茶）
	15d. *C. sinensis* var. *waldenae*（长叶茶）	26d. *C. sinensis* var. *kucha*（苦茶）	26. *C. ptilophylla*（毛叶茶）
	16. *C. ptilophylla*（毛叶茶）	27. *C. ptilophylla*（毛叶茶）	27. *C. pubescens*（汝城毛叶茶）
		28. *C. fangchengensis*（防城茶）	28. *C. fangchengensis*（防城茶）
		29. *C. assamica*（普洱茶）	29a. *C. assamica*（普洱茶）
		30. *C. multisepala*（多萼茶）	29b. *C. assamica* var. *polyneura*（多脉茶）
		31. *C. pubicosta*（毛肋茶）	29c. *C. assamica* var. *kucha*（苦茶）
	17. *C. parvisepala*（细萼茶）	32. *C. parvisepala*（细萼茶）	30. *C. multisepala*（多萼茶）
			31. *C. parvisepala*（细萼茶）
			32. *C. pubicosta*（毛肋茶）

三、闵天禄茶树分类

1992年，中国科学院昆明植物研究所的闵天禄教授以张宏达分类系统中茶组和秃房茶组（Sect. *Glaberrima* Chang）的47种3变种为基础，取消"系"的等级，合并"同种异名"、修订"误定名"茶树，将茶组植物归并为12种6变种（闵天禄，1992，2000）（表1-3）。

表1-3 闵天禄茶组分类表

茶组种与变种 （闵天禄1992年修订）	茶组种与变种 （闵天禄2000年修订）
1. *C. tachangensis*（大厂茶） —— *C. quinquelocularis*（五室茶） —— *C. tetracocca*（四球茶）	1a. *C. tachangensis*（大厂茶） —— *C. quinquelocularis*（五室茶） —— *C. tetracocca*（四球茶） 1b. *C. tachangensis* var. *remotiserrata*（疏齿大厂茶） —— *C. remotiserrata*（疏齿茶） —— *C. gymnogynoides*（假秃房茶） —— *C. nanchuanica*（南川茶） —— *C. jingyunshanica*（缙云山茶）
2a. *C. kwangsiensis* var. *kwangsiensis*（广西茶） 2b. *C. kwangsiensis* var. *kwangnanica*（毛萼广西茶） —— *C. kwangnanica*（广南茶） 3. *C. grandibracteata*（大苞茶）	2. *C. grandibracteata*（大苞茶） 3a. *C. kwangsiensis*（广西茶） 3b. *C. kwangsiensis* var. *kwangnanica*（毛萼广西茶） —— *C. kwangnanica*（广南茶）
4. *C. taliensis*（大理茶） —— *C. irrawadiensis*（滇缅茶） —— *C. pentastyla*（五柱茶） —— *C. quinquebracteata*（五苞茶） —— *C. changningensis*（昌宁茶）	4. *C. taliensis*（大理茶） —— *C. irrawadiensis*（滇缅茶） —— *C. pentastyla*（五柱茶） —— *C. quinquebracteata*（五苞茶） —— *C. changningensis*（昌宁茶）
5a. *C. crassicolumna*（厚轴茶） —— *C. crispula*（皱叶茶） —— *C. atrothea*（老黑茶） —— *C. rotundata*（圆基茶） —— *C. makuanica*（马关茶） —— *C. haaniensis*（哈尼茶）	5a. *C. crassicolumna*（厚轴茶） —— *C. crispula*（皱叶茶） —— *C. rotundata*（圆基茶） —— *C. makuanica*（马关茶） —— *C. haaniensis*（哈尼茶） —— *C. purpurea*（紫果茶） —— *C. dehungensis* —— *C. parvisepaloides*（拟细萼茶） —— *C. manglaensis*（勐腊茶） —— *C. crassicolumna* var. *shangbaensis*（上坝厚轴茶）
5b. *C. crassicolumna* var. *multiplex*（光萼厚轴茶） —— *C. multiplex*（多瓣茶）	5b. *C. crassicolumna* var. *multiplex*（光萼厚轴茶） —— *C. multiplex*（多瓣茶）

（续表）

茶组种与变种 （闵天禄1992年修订）	茶组种与变种 （闵天禄2000年修订）
6a. *C. gymnogyna*（秃房茶） —— *C. glaberrima*（秃山茶） 6b. *C. gymnogyna* var. *remotiserrata*（疏齿秃房茶） —— *C. remotiserrata*（疏齿茶） ——*C. yankiangcha*（元江茶） —— *C. gymnogynoides*（假秃房茶） —— *C. nanchuanica*（南川茶） —— *C. jingyunshanica*（缙云山茶） 7. *C. purpurea*（紫果茶） 8. *C. costata*（突肋茶） —— *C. yungkiangensis*（榕江茶） —— *C. kwangtungensis*（广东山茶） —— *C. danzaiensis*（丹寨茶） 9. *C. leptophylla*（膜叶茶） 10. *C. ptilophylla*（毛叶茶） —— *C. pubescens*（汝城毛叶茶） 11. *C. fangchengensis*（防城茶） 12a. *C. sinensis* var. *sinensis*（茶） —— *C. waldenae*（长叶茶） —— *C. arborescens*（高树茶） —— *C. longlingescens*（龙陵茶） 12b. *C. sinensis* var. *assamica*（普洱茶） —— *C. assamica* —— *C. polyneura*（多脉茶） —— *C. multisepala*（多萼茶） —— *C. sinensis* var. *kucha*（苦茶） 12c. *C. sinensis* var. *dehungensis*（德宏茶） —— *C. dehungensis* —— *C. manglaensis*（勐腊茶） —— *C. parvisepaloides*（拟细萼茶） 12 d. *C. sinensis* var. *pubilimba*（白毛茶） —— *C. angustifolia*（狭叶茶） —— *C. parvisepala*（细萼茶） —— *C. yankiangcha*（元江茶） —— *C. dishiensis*（底墟茶）	6. *C. sealyama*（老挝茶） 7. *C. gymnogyna*（秃房茶） —— *C. glaberrima*（秃山茶） 8. *C. costata*（突肋茶） —— *C. yungkiangensis*（榕江茶） —— *C. kwangtungensis*（广东山茶） —— *C. danzaiensis*（丹寨茶） 9. *C. leptophylla*（膜叶茶） 10. *C. fangchengensis*（防城茶） 11. *C. ptilophylla*（毛叶茶） —— *C. pubescens*（汝城毛叶茶） 12a. *C. sinensis*（茶） —— *C. waldenae*（长叶茶） —— *C. arborescens*（大树茶） —— *C. longlingescens*（龙陵茶） 12b. *C. sinensis* var. *assamica*（普洱茶） —— *C. assamica*（普洱茶） —— *C. polyneura*（多脉茶） —— *C. multisepala*（多萼茶） —— *C. sinensis* var. *kucha*（苦茶） 12c. *C. sinensis* var. *dehungensis*（德宏茶） —— *C. parvisepala*（细萼茶） —— *C. angustifolia*（狭叶茶） —— *C. yankiangcha*（元江茶） 12 d. *C. sinensis* var. *pubilimba*（白毛茶）

四、陈亮茶树分类

2000年，中国农业科学院茶叶研究所陈亮研究员在张宏达和闵天禄分类系统的基础上，基于对茶组植物的分子系统学研究和对200多份野生茶树资源原产地特征特性的考察分析，将茶组植物归并5个种3个变种（陈亮 等，2002a）。

1. *C. tachangensis*（大厂茶）
2. *C. taliensis*（大理茶）
3. *C. crassicolumna*（厚轴茶）
4. *C. gymnogyna*（秃房茶）
5a. *C. sinensis* var. *sinensis*（茶）
5b. *C. sinensis* var. *assamica*（普洱茶）
5c. *C. sinensis* var. *pubilimba*（白毛茶）

茶组植物的系统分类研究主要是以茶树的形态学特征为依据，由于部分形态学特征易受环境影响而产生变异，忽略了茶树分类群中存在的各种生态变型、种间杂种，导致同种异名现象存在，以致"种"的划分过于细致。尽管后续许多学者采用生理生化、细胞学和分子系统学（杜琪珍 等，1990；梁国鲁 等，1994；彭英 等，1992；陈亮 等，2002b）对上述分类系统进行了分析和验证，但在茶树种及变种的划分上仍存在较多争议，需要进一步加大野生茶树种群的调查，利用表型组、基因组、代谢组等多组学技术系统梳理并明确茶树的分类。

第二节　茶树野生珍稀资源的地理分布

一、主要自然分布区

茶组植物的自然分布区主要集中在北起横断山—南岭一线、南至中南半岛北部（王平盛 等，2002）。

（一）横断山脉分布区

位于北纬22°～26°，东经98°～101°，即云南西南部和西部，地处青藏高原东延部的横断山脉中段怒江、澜沧江流域。目前已发现的树体最大、年代最久远的大茶树都分布在该区。如巴达大茶树（ϕ100 cm）、千家寨大茶树（ϕ120 cm）、邦崴大茶树

（φ114 cm）等。直径超过100 cm的大茶树也几乎集中于此。

该分布区茶树主要形态特征是：高大乔木，叶大革质，嫩枝、顶芽、叶片均无毛，花冠大，花瓣10～13枚，子房5室，花柱5裂，果皮厚2～3 mm，属于大理茶（C. taliensis）。亦偶见子房无毛，花柱3裂的秃房茶（C. gymnogyna）等。

（二）滇桂黔三省（区）交界分布区

位于北纬23°～26°，东经102°～107°，地跨云南、广西、贵州交界，如云南师宗大茶树（φ52 cm）、广西巴平大茶树（φ62 cm）、贵州兴义大茶树（φ40 cm）等。

该分布区茶树主要形态特征是：乔木，树体高大，叶革质，花冠大，冠径5～8 cm，花瓣9～15枚，子房无毛，花柱4～5裂，蒴果扁球形或球形，果皮厚3～4 mm。代表种是大厂茶（C. tachangensis）。亦有子房有毛、花柱5裂、果皮厚达5～10 mm的厚轴茶（C. crassicolumna）等。

（三）滇川黔三省交界分布区

位于北纬27°～29°，东经104°～107°，是云南、四川、贵州三省接合部，也是云贵高原向第二台地的过渡带。该区多生长乔木、小乔木野生茶树，如云南镇雄大茶树（φ42 cm）、四川古蔺大茶树（φ48 cm）、贵州习水大茶树（φ50 cm）等。

该分布区茶树主要形态特征是：植株较高大，花瓣7～10枚，子房无毛，花柱3浅裂，幼果呈梨形，蒴果球形，分类上多属秃房茶（C. gymnogyna）。少数为普洱茶（C. sinensis var. assamica）等。

（四）南岭山脉分布区

沿北纬25°线的长形分布带，地跨南岭山脉南北两侧。

北侧多以小乔木型大叶类苦茶为主，如湖南江华苦茶、酃县苦茶、广东龙山苦茶、乳源苦茶、江西安远苦茶、聂都苦茶等。

南侧，沿广西的红水河流域到广东北部的大瑶山一带生长着多毛型茶树，植株多为小乔木，嫩枝、芽叶、花瓣、萼片均多茸毛，叶片大，子房多毛，花柱3裂，分类上属白毛茶（C. sinensis var. pubilimba）。代表植株有广东从化野茶、连南大叶茶、广西钟山雷电茶、开山白毛茶等。

二、国内分布情况

山茶属植物200多个种，90%以上分布在中国西南部及南部，以云南、广西、广东横跨北回归线为中心，向南北扩散而逐渐减少，集中分布在云南、广西和贵州三省（区）接壤地带。我国是野生大茶树最多的国家，10多个省（区、市）发现有野生大茶树（表1-4）。其中，云南南部和东南部、广西西部和贵州西南部是茶组植物原始种最集中的区域，特别是云南集中了75%的种或变种，是茶组植物的地理起源中心。

（一）云南野生茶树分布

依据张宏达茶组植物分类，云南分布的野生茶树资源有22种2变种（孙学梅 等，2012）。包括了五室茶系的疏齿茶、广西茶、广南茶、大厂茶和大苞茶；五柱茶系的厚轴茶、圆基茶、老黑茶、皱叶茶、马关茶、五柱茶和大理茶；秃房茶系的德宏茶、秃房茶、拟细萼茶和榕江茶；茶系的普洱茶、细萼茶、白毛茶、多萼茶、紫果茶和大树茶，以及两个变种多脉茶和苦茶。这些茶树资源主要集中且广泛分布在云南的普洱、西双版纳、临沧、保山、德宏、红河等州、市，沿青藏高原东南部的横断山脉中部以及怒江、澜沧江流域或呈带状分布（大理茶、老黑茶、大厂茶等）或呈块状分布（广南茶、厚轴茶等）或呈跳跃分布（白毛茶等）或是隔离分布（大树茶、疏齿茶等）或呈局部零星分布（圆基茶、大苞茶等），多数茶种以局部分布为主（汪云刚 等，2010；蒋会兵 等，2009），栽培种茶、普洱茶在云南全省均有分布。具有代表性的茶树资源有勐海巴达大茶树和南糯山大茶树、镇沅千家寨大茶树、镇雄杉树大茶树等。

（二）广西野生茶树分布

广西位于我国西南部，地处热带向亚热带过渡的地理位置，四季雨量充足、热量充沛、地形地貌错综复杂，在漫长的进化过程中，孕育和保留了丰富的野生茶树资源。20世纪80年代开始，广西桂林茶叶科学研究所对境内的8个地区62个县（市）进行茶树种质资源的考察收集工作，发现有40多个县（市）均有野生茶树资源的分布（韦柳花 等，2017）；且在金秀、隆林、西林、桂平等地发现了呈片状分布、树龄大、分布密度大的野生茶林（李朝昌 等，2018）。主要的野生茶树资源有岑王老山野生茶、西林古障野生茶、三江牙己茶、六堡野生茶、白石牙野茶等（诸葛天秋 等，2015）。据杨世雄调查研究，广西境内的野生茶树资源种类十分丰富，包括了大厂茶、广西茶、秃房茶、突肋茶、膜叶茶、防城茶、茶等多个种，值得注意的是，膜叶茶和防城茶仅为广西特有（杨世雄，2021b）。

（三）贵州野生茶树分布

贵州位于云贵高原东部，是茶树原产地之一。得益于独特的气候条件以及原生态的立地环境，使得该区域在长期的自然进化过程中，形成了丰富的野生茶树种质资源（杨凤 等，2018）。据报道，贵州分布多个种的野生茶树资源，包括大厂茶、厚轴茶、秃房茶、榕江茶、突肋茶、长叶茶、紫果茶、大树茶、普洱茶等（刘声传 等，2013；陈正武 等，2004；杨世雄，2021b）。这些野生茶树资源在贵州境内广泛分布，水平分布在北纬24°58′~29°07′、东经104°58′~108°36′范围内；垂直分布在海拔615~1 900 m范围内（牛素贞 等，2021）。像在都匀清塘、花溪久安和普安青山等地均发现了2 000株以上的野生茶树居群；在德江荆角、贵定鸟王、雷山大唐等地发现了300~500株的野生茶树居群；在普安江西坡、务川丰乐、兴义七舍等地发现了100~300株的野生茶树居群（牛素贞 等，2021）。具有代表性的茶树资源有普安四球茶、兴仁大苦茶、务川大树茶、桐梓大树茶、惠水大树茶、兴义大树茶等。

（四）川渝野生茶树分布

四川、重庆位于青藏高原与长江中下游平原的过渡带，独特的地形地势使该区域高原山地气候和亚热带季风气候并存，具有云雾多、雨量充沛、湿度大、无霜期短的特点，为野生茶树资源的进化与生存提供了适宜的生态环境条件。调查发现，川渝野生茶树资源比较集中分布的区域有两个：一处是在北纬27°~30°、东经103°~109°的长江及其上游金沙江沿岸区域，包括了宜宾、筠连、珙县、叙永、高县、古蔺、綦江、合江、南桐、江津、武隆、雷波、南川等地，与云贵高原北部的绥江、盐津、道真、赤水等地的野生大茶树分布区域相连；另一处是位于北纬30°~31°、东经103°~104°的四川盆地西部边缘地区，包括了崇庆、大邑、邛崃、灌县、彭县、荥经等地（钟渭基，1980）。野生茶树资源在各区域聚集成群落，零星散布在海拔600~1 500 m的范围内，这些野生茶树资源包括南川茶、秃房茶、大理茶、普洱茶和茶（王春梅，2012）。此外，依据茶果的形态差异，川渝野生茶树资源大体分为3种类型：崇庆枇杷群体、古蔺群体和宜宾苦茶群体（江济和 等，1993）。

（五）广东野生茶树分布

广东地处华南茶区，复杂的地形、独特的小气候条件为野生茶树资源的生长创造了良好的生态环境。野外实地考察发现广东境内野生茶树资源分布广泛，种类多样。境内分布有白毛茶、苦茶、毛叶茶（可可茶）等野生茶树资源（邱陶瑞 等，1991；陈诗恒 等，2020；黄亚辉 等，2023）。白毛茶资源主要分布在南岭山脉南麓的乐昌、仁化、乳源、曲江、阳春等地区，苦茶资源在这些地区也有分布，毛叶茶是一种不含咖啡碱的茶树资源，分布于龙门县南昆山一带。此外，在连南、连山、南雄等县，以及罗坑等地发现大量野生大茶树群落（邱陶瑞 等，1985；席倩 等，2020；陈诗恒 等，2020）。这些茶树资源呈零星分布，散生在山涧次谷的森林中。具有代表性的野生茶树资源有南昆山毛叶茶、连南大叶茶、乳源苦茶等。

（六）湖南野生茶树分布

湖南位于长江中游以南、五岭山脉以北，是茶树由原产地向东部地区传播的过渡带，境内分布有苦茶、白毛茶等野生茶树资源。江华苦茶、蓝山苦茶、城步峒茶、鄀县苦茶称为湖南"四大苦茶"。江华苦茶主要分布在江华境内山谷狭窄，河流弯曲的"小盆地"，越到河流的源头分布的苦茶资源越多（何满庭 等，2005）；城步峒茶零星分布在城步高梅、蓬洞一带的寨前屋后，田间边际（丁跃成，1985）；蓝山苦茶零星分布生长在蓝山境内的百叠岭、眼长岭；酃县苦茶零星分布在湘东和湘南交界处的斜濑水河中上游一带（中华茶人联谊会，1994）。汝城白毛茶是我国珍稀的特色野生茶树种质资源，主要分布在汝城罗霄山脉九龙江一带原始次生林地带（张贻礼，1983；黎娜 等，2019）。

（七）江西野生茶树分布

江西地处长江中下游，境内多个山脉纵横交错，赣江水系纵贯全域，全年光、热、水、气条件优越，为茶树生长创造良好的生态环境。通过对全境实地考察发现，野生茶树资源主要分布在北纬24°~29°、东经113°~117°、海拔500~1 300 m的范围。赣北茶区的婺源、浮梁、修水；赣南茶区的井冈山市，吉安市遂川县，赣州市崇义县、上犹县、定南县均有野生茶树资源存在。主要的野生大茶树有南磨山大茶树、赤穴大茶树、横坑大茶树、安远大茶树。值得关注的是，在江西境内分布有大量的苦茶资源，在茶树分类上多属于普洱茶；著名的有安源苦茶、寻乌苦茶、聂都苦茶等（陈年生，1981；刘跃清 等，2020；中华茶人联谊会，1994）。

（八）福建野生茶树分布

福建地处我国东南沿海地区，境内的武夷和戴云两大山系成为阻碍冷空气南下的两道屏障，形成了南亚热带气候区和中亚热带气候区（詹梓金 等，1991）。冬暖夏凉独特的气候条件、充沛的降水量为福建野生茶树资源的广泛分布提供了良好的条件。野外调查发现在境内的宁德市、泉州市安溪县、漳州市平和县、武夷山等地的50多处原始森林和次生林中均发现野生茶树，且多以单株、小群落的形态存在，在茶树种类上包括了秃房茶、苦茶等（郭元超 等，1994；吕宁 等，2013；杨如兴 等，2017）。同时根据福建全省的纬度，可将野生茶树资源的现存区域划分为闽东北野生茶树分布区（海拔500~1 000 m）和西南部野生茶树分布区（海拔500~1 200 m）。闽东北野生茶树分布区主要包括了蕉城区野生茶、福鼎市太姥山野生茶、三明市尤溪县野生茶、武夷山野生茶等；闽西南野生茶树分布区包括了安溪野生茶、平和野生茶、连城野生茶、漳平野生茶等（吕宁 等，2013）。

（九）海南野生茶树分布

海南位于我国的最南端。20世纪80年代，我国作物种质科考队对海南省的10个县（市）进行茶树种质资源考察，发现野生茶树资源在境内分布广泛，主要是沿五指山、黎母山、雅加大岭三大山脉呈数株或散生分布在海拔200~1 200 m范围内的原始森林或次生林中（郭远安，1990）。具体主要分布在琼中、五指山、白沙、乐东等中西部山区，其中五指山地区分布的野生茶树资源最多（苏凡，2018）。并且依据形态特征，海南岛分布的野生茶树资源被鉴定为普洱茶变种，包括了五指山1号、五指山2号、五指山3号、琼海南炯4号、保亭毛感1号等（郭远安，1990）。

表1-4　中国茶组植物物种分布（杨世雄，2021b）

茶树种类	广西	云南	贵州	广东	四川	湖南	其他产茶省（区、市）
大厂茶 C. tachangensis	√	√	√		√		
大苞茶 C. grandibracteata		√					
广西茶 C. kwangsiensis	√	√					
大理茶 C. taliensis		√					
厚轴茶 C. crassicolumna	√	√	√				
秃房茶 C. gymnogyna		√	√	√			
突肋茶 C. costata	√		√	√			
膜叶茶 C. leptophylla	√						
防城茶 C. fangchengensis	√						
毛叶茶 C. ptilophylla				√		√	
茶 C. sinensis	√	√	√	√	√	√	√
总计	7	7	5	4	2	2	1

第三节　茶树野生珍稀资源的收集保存

我国高度重视茶树种质资源的收集、保存、保护和利用工作，直接实地考察是收集野生茶树资源最基本的方法。中华人民共和国成立以后，在相关部门的组织下，我国茶叶科技工作者开展了多次系统性的茶树种质资源考察收集工作。

一、茶树种质资源的考察与收集

20世纪50年代初开始，有关部门在云南、广西、贵州、四川、福建等地均发现有野生大茶树存在，但是对野生茶树资源进行有组织、系统性的收集工作则是从茶树被列入国家作物种质资源区域性考察内容之后才正式开展的（陈亮 等，2004）。1980—2000年，我国先后进行了4次大规模的茶树种质资源考察工作。1981—1984年，在云南61个市县进行考察、征集茶树种质资源410份，在其中的198个分布点发现有野生大茶树。1985—1990年，在神农架和三峡地区的多个县征集茶树资源100份，以及在海南五指山多个县征集到60份茶树资源；其中从神农架等区域收集的部分是野生茶树，从来自海南岛的多为小乔木大叶类野生茶树。1991—1994年，在对黔桂川陕部分地区考察并收集的400份茶树资源中，来自黔西南和桂西的茶树多为野生茶树资源。后来因三峡水库的建设，在1996—1997年又抢救性征集到茶树资源80份，这其中部分材料为野生大茶树（陈亮 等，1996）。经过多年的收集，截至2010年，国家种质杭州茶树圃和勐海茶树分圃保存茶树资源3 000多份，其中野生茶树资源占10%左右，且目前已发现的、约90%的野生大茶树均已保存在资源圃内，包括了云南巴达大茶树、南糯山大茶树；贵州务川大茶树、习水大茶树；四川宜宾大茶树、南川大茶树；广西凤凰大茶树、会朴大茶树；以及海南野生茶树资源等（陈亮 等，1996）。2015年，农业部又启动了"第三次全国农作物种质资源普查与收集行动"，累计收集资源5.2万多份（截至2020年），其中收集茶树种质资源500多份。为保存这些收集的茶树种质，在农业农村部的支持下，先后建立了国家茶树种质资源圃（杭州）、国家大叶茶树种质资源圃（勐海）、国家中小叶茶树种质资源圃（长沙），累计保存野生近缘种、地方品种、育成品种和突变材料等各类种质资源6 500余份（表1-5）。

表1-5　国家茶树种质资源圃保存茶树资源份数统计表

保存机构	依托单位	所在地	数量
国家茶树种质资源圃（杭州）	中国农业科学院茶叶研究所	浙江杭州	2 733
国家大叶茶树种质资源圃（勐海）	云南省农业科学院茶叶研究所	云南勐海	2 123
国家中小叶茶树种质资源圃（长沙）	湖南省农业科学院茶叶研究所	湖南长沙	1 735

二、茶树种质资源取样策略研究

在对珍稀野生茶树资源考察、收集、保存、保护的过程中，确定合适的取样策略是至关重要的。利用30个SSR标记对云南白莺山茶树种质资源（大理茶、普洱茶及其杂交后代混合居群）进行基因型分析，通过比较不同样本量的遗传多样性参数变化，筛选获得能代表该样本居群的最佳取样方法（毛娟 等，2018）。分别对130份样品进行随机抽样，抽样个数从5个到90个，抽样样本的遗传多样性参数平均值见表1-6，抽样样本与全部样本的遗传多样性参数百分比与样本量的回归拟合曲线如图1-1所示。当样本量达到40时，全部曲线进入平台期。以等位基因总数（Na）进行衡量，样本量为60时，抽样样本遗传参数达到总样本的95%左右；以有效等位基因数（Ne）、香农指数（I）和期望杂合度（He）进行衡量，样本量为30时，抽样样本遗传参数就可达到总样本的95%。综合分析，当取样量达到40时，能较好地反映白莺山茶树居群的遗传多样性水平。上述结果表明，通过遗传多样性评估的方法，能够较科学地明确茶树种质资源收集时的最适样本量。

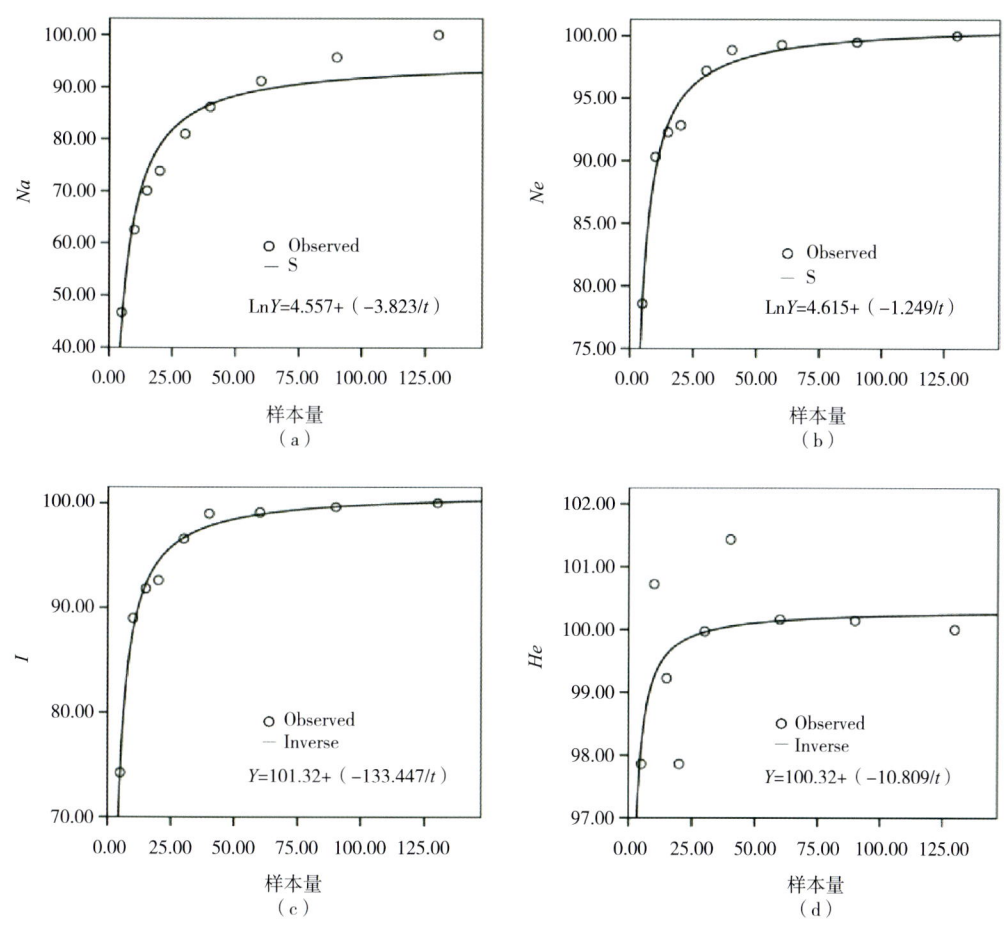

图1-1 云南白莺山茶树居群遗传多样性参数随抽样量变化的拟合回归曲线

表1-6 云南白莺山茶树居群不同抽样样本的遗传多样性参数比较

样本大小	等位基因总数（Na）	有效等位基因数（Ne）	香农指数（I）	期望杂合度（He）
5	3.15 ± 0.25	2.49 ± 0.18	0.92 ± 0.09	0.60 ± 0.06
10	4.21 ± 0.30	2.87 ± 0.18	1.11 ± 0.07	0.62 ± 0.03
15	4.72 ± 0.29	2.93 ± 0.16	1.14 ± 0.05	0.61 ± 0.02
20	4.97 ± 0.20	2.95 ± 0.11	1.15 ± 0.04	0.60 ± 0.02
30	5.45 ± 0.20	3.08 ± 0.01	1.20 ± 0.03	0.61 ± 0.01
40	5.80 ± 0.14	3.14 ± 0.08	1.23 ± 0.02	0.62 ± 0.01
60	6.14 ± 0.14	3.15 ± 0.07	1.23 ± 0.02	0.61 ± 0.01
90	6.44 ± 0.12	3.16 ± 0.02	1.24 ± 0.01	0.61 ± 0.01
130	6.73	3.17	1.25	0.61

第四节　茶树野生珍稀资源的鉴定评价

收集和保存野生茶树资源的最终目的是更好地利用。对野生茶树资源进行系统的鉴定评价是避免盲目利用的重要手段，国内外学者从形态学、细胞学、生化和分子层面开展了大量的研究。近20年来，为了提高种质资源鉴定评价的效果和效率，先后制定了茶树鉴定评价的描述规范和技术规程；同时在茶树核心种质构建、遗传多样性分析、优异优质资源的挖掘等方面取得了很大的进展。

一、茶树种质资源鉴定评价技术的标准化

茶树资源鉴定评价是指按照统一的描述规范，对茶树种质资源进行标准化整理和数字化表达的过程。茶树资源鉴定评价是种质发掘和利用的前提，长期以来，由于缺乏统一的描述规范，不同单位采用的性状描述、鉴定技术方法和评价标准各异，使鉴定数据缺乏可比性，影响了国内不同单位之间资源数据信息的共享。为解决上述问题，编者所在的团队基于1 500份茶树种质资源的系统鉴定评价数据分析，在充分掌握其遗传多样性差异的基础上，研究制定了《茶树种质资源描述规范》（NY/T 2943—2016）、《农作物种质资源鉴定技术规程　茶树》（NY/T 1312—2007）、《农作物优异种质资源评价规范　茶树》（NY/T 2031—2011）。

《茶树种质资源描述规范》：该标准规定了茶树［*Camellia sinensis*（L.）O. Kuntze］及山茶属茶组［*Camellia* L. Sect. *Thea*（L.）Dyer］其他植物种质资源基本信息、植物学特征和生物学特性、品质性状、抗性性状、其他特征特性的描述方法（陈亮等，2005）。其中基本信息包括"全国统一编号""系谱"等25项；植物学特征和生物学特征包括"树型""发芽密度""染色体数目"等46项；品质性状包括"适制茶类""酚氨比"等25项；抗性性状包括"抗寒性""抗旱性"等8项（表1-7）。

表1-7　茶树种质资源描述符

描述规范类别	描述规范内容
基本信息	全国统一编号、圃编号、引种号、采集号、种质名称、种质外文名、科名、属名、种名（变种名）、原产国、原产省、原产地、海拔、经度、纬度、来源地、保存单位、系谱、选育单位、育成年份、选育方法、种质类型、繁殖方式、图像、观测地点

(续表)

描述规范类别	描述规范内容
植物学特征和生物学特性	树型、树姿、发芽密度、一芽一叶期、一芽二叶期、芽叶颜色、芽叶茸毛、一芽三叶长、一芽三叶百芽重、叶片着生状态、叶片长度、叶片宽度、叶片大小、叶片形态、侧脉对数、叶片颜色、叶面隆起性、叶身形态、叶片质地、叶齿锐度、叶齿密度、叶齿深度、叶基形态、叶尖形态、叶缘形态、盛花期、萼片数、萼片颜色、萼片茸毛、花冠大小、花瓣颜色、花瓣质地、花瓣数、子房茸毛、花柱长度、花柱开裂数、柱头裂位、雌雄蕊相对高度、果实形状、果实大小、果皮厚度、种子形状、种子大小、种皮颜色、种子百粒重、染色体数目
品质性状	适制茶类、兼制茶类、外形评分、外形特征、汤色评分、汤色特征、香气评分、香气特征、滋味评分、滋味特征、叶底评分、叶底特征、感官品质总分、水浸出物、咖啡碱、茶多酚、氨基酸、酚氨比、茶氨酸、儿茶素类物质总量、表没食子儿茶素没食子酸酯（EGCG）、表没食子儿茶素（EGC）、表儿茶素没食子酸酯（ECG）、表儿茶素（EC）、GC
抗性性状	抗寒性、抗旱性、茶云纹叶枯病抗性、茶炭疽病抗性、茶饼病抗性、假眼小绿叶蝉抗性、茶橙瘿螨抗性、咖啡小爪螨抗性
其他特征特性	—

《农作物种质资源鉴定技术规程 茶树》：该标准规定了茶树［*Camellia sinensis* (L.) O. Kuntze］及其他山茶属（Genus *Camellia*）茶组植物（Section *Thea*）种质资源鉴定的技术要求和方法（陈亮 等，2007）。标准适用于茶树及其他山茶属茶组植物种质资源的植物学特征、生物学特性、品质性状和抗逆性的鉴定。标准鉴定性状详见表1-8。

表1-8 茶树种质资源鉴定内容

性状		鉴定项目
植物学特征和生物学特性	树体	树型、树姿
	芽叶	发芽密度、一芽一叶期、一芽二叶期、芽叶颜色、芽叶茸毛、一芽三叶长、一芽三叶百芽重
	叶片	叶片着生状态、叶长、叶宽、叶片大小、叶形、侧脉对数、叶色、叶面隆起性、叶身形态、叶片质地、叶齿锐度、叶齿密度、叶齿深度、叶基、叶尖、叶缘形态
	花	盛花期、萼片数、萼片颜色、萼片茸毛、花冠直径、花瓣颜色、花瓣质地、花瓣数、子房茸毛、花柱长度、柱头开裂数、花柱裂位、雌雄蕊相对高度
	果实	果实形状、果实大小、果皮厚度
	种子	种子形状、种径大小、种皮颜色、百粒重

（续表）

性状		鉴定项目
品质性状	适制性	适制茶类、兼制茶类、品质得分、香气分、香气特征、滋味分、滋味特征
	品质化学成分	水浸出物、咖啡碱、茶多酚、氨基酸、酚/氨比、儿茶素总量、表没食子儿茶素（EGC）、（+）儿茶素（+C）、表儿茶素（EC）、表没食子儿茶素没食子酸酯（EGCG）、表儿茶素没食子酸酯（ECG）
抗逆性		耐寒性

《农作物优异种质资源评价规范　茶树》：该标准规定了茶树[*Camellia sinensis* (L.) O. Kuntze]及其他山茶属茶组植物［*Camellia* L. Sect. *Thea* (L.) Dyer］优异种质资源评价的术语定义、技术要求、鉴定方法和判定（陈亮 等，2011）。标准适用于茶树及其他山茶属茶组植物优异种质资源评价。茶树特异种质和优异种质的具体性状指标详见表1-9、表1-10。

表1-9　茶树特异种质资源指标

序号	性状	指标
1	一芽一叶期	比'福鼎大白茶'早10 d或者晚30 d以上
2	芽叶颜色	白色；黄色；紫红色
3	芽叶茸毛	比'福鼎大白茶'多
4	新梢叶柄基部花青甙显色	有
5	叶长	≥30.0 cm；≤3.0 cm
6	叶宽	≥10.0 cm；≤2.0 cm
7	枝条形态	"之"字形弯曲
8	内轮花瓣颜色	粉红色；红色
9	氨基酸总量	≥5.0%
10	茶氨酸含量	≥3.0%
11	茶多酚总量	≥25.0%；≤7.5%
12	儿茶素总量	≥20.0%
13	咖啡碱含量	≥5.0%；≤1.5%

注：表中提供的参照种质信息是为了方便本标准的使用，不代表对该种质的认可和推荐，任何可以得到与这些参照种质相同结果的种质均可作为参照样品。

表1-10　茶树优良种质资源指标

序号	性状	指标
1	（绿茶[a]、乌龙茶[b]或红茶[c]）感官品质总得分	≥90
2	（绿茶、乌龙茶或红茶）感官品质香气得分	≥对照
3	（绿茶、乌龙茶或红茶）感官品质滋味得分	≥对照
4	氨基酸总量	≥4.0%
5	茶多酚总量	≥20.0%
6	一芽一叶期	比'福鼎大白茶'早6 d及以上
7	耐寒性	冻害指数≤10
8	耐旱性	旱害指数≤10
9	茶云纹叶枯病抗性	病情指数≤5
10	茶炭疽病抗性	叶片罹病率≤20%
11	茶饼病抗性	病情指数≤5
12	假眼小绿叶蝉抗性	百叶种群密度≤5头
13	茶橙瘿螨抗性	为害指数≤5
14	咖啡小爪螨抗性	为害指数≤5

注：表中提供的参照种质信息是为了方便本标准的使用，不代表对该种质的认可和推荐，任何可以得到与这些参照种质相同结果的种质均可作为参照样品。
a—绿茶对照品种为'福鼎大白茶'。
b—乌龙茶对照品种为'黄棪'。
c—大叶种红茶对照品种为'云抗10号'或'英红9号'，中小叶种红茶对照品种为'福鼎大白茶'。

二、表型鉴定评价及核心种质构建

编者所在团队分别对国家茶树种质资源圃中的2 665份种质资源，按29个不同性状进行编目，为茶树种质资源的共享利用提供了坚实的基础。完成了1 500份资源的形态学特征和生物学特性、品质特性和抗逆性的鉴定评价，取得了近15万个表型鉴定评价数据。

基于以上鉴定评价数据，选择形态学、生物学特性、品质特性等33个性状进行整理，确定选择20%的取样比例，按照茶区—对数比例—聚类取样为茶树初级核心种质构建的最佳取样策略（王新超 等，2009）。采用这种策略从已系统鉴定评价的1 048份原始材料中随机抽取了223份种质资源，并对它们的一芽三叶长、百芽重、花冠直径、花柱长度、水浸出物、咖啡碱、茶多酚、氨基酸、酚氨比9个数量性状进行了代表性、遗传多样性评价，结果显示样本表型遗传变异平均占原始样本的90.3%（表1-11）。表明采用上述策略所提取的初级核心种质具有较强的实用性和异质性，能较好地代表其原始群体的遗传多样性（刘振，2008）。

表1-11 茶树初级核心种质的评价

性状	初选核心种质						原始种质						保留比/%
	平均值	标准差	多样性指数	最小值	最大值	变异系数	平均值	标准差	多样性指数	最小值	最大值	变异系数	
一芽三叶长/cm	7.3	1.9	2.06	3.4	13.2	25.5	7.3	1.8	2.05	3.1	15.2	24.1	81.0
百芽重/g	63.4	30.2	1.95	22.3	171.9	47.6	62.7	29.8	1.91	16.5	205.0	47.5	79.4
花冠直径/cm	3.8	0.7	2.01	1.8	6.2	18.1	3.7	0.6	2.00	1.4	6.9	15.6	80.0
花柱长度/cm	1.3	0.3	1.83	0.6	2.1	19.2	1.3	0.2	1.96	0.6	2.4	17.1	83.3
水浸出物/%	42.5	4.5	2.00	20.9	56.1	10.6	42.7	3.9	2.05	20.9	56.1	9.0	100
咖啡碱/%	3.8	0.8	2.11	0.4	6.2	21.4	4.0	0.6	2.06	0.4	6.2	16.2	100
茶多酚/%	27.6	5.7	2.06	13.8	40.0	20.8	28.1	4.8	2.08	12.2	41.5	17.2	89.4
氨基酸/%	3.0	1.1	2.03	0.5	6.5	36.0	3.0	0.9	2.08	0.5	6.5	28.9	100
酚氨比	1.79	7.8	60.3	2.2	80.0	69.0	10.4	5.1	1.80	2.2	80.0	48.9	100
平均	—	—	—	—	—	29.8	—	—	—	—	—	24.9	90.3

进一步利用27对EST-SSR引物对223份初级核心种质资源和191份重要资源进行了扩增，在供试的414资源中共检测到87个等位基因，平均每个引物所检测到的等位位点为3.2个。多态性信息量（PIC）变化范围较大，平均值为0.55（>0.50），说明所筛选的茶树初级核心种质具有丰富的遗传多样性，能够代表我国茶树资源种质的遗传变异现状。根据核心种质的特点，利用EST-SSR引物的扩增数据，按SAHN邻接法对供试种质资源进行UPGMA遗传相似性聚类，并绘制树状聚类图。在相似系数为0.80处对同一类群中的资源进行挑选，共获得了360份作为我国茶树资源的核心种质。对33个性状进行的验证结果表明，所构建的核心种质保留了初级核心种质资源遗传多样性的88.4%，具有较好的遗传多样性和代表性（表1-12）（刘振，2008）。

表1-12 核心种质的评价参数

种质类型	Nei**	相似系数最大值	相似系数最小值	极差
初级核心种质	0.58	0.88	0.11	0.77
核心种质	0.58	0.88	0.10	0.78

注：Nei**指Nei的期望杂合度。

三、重要品质成分鉴定评价

对596份代表性茶树种质资源的茶多酚、儿茶素、氨基酸、咖啡碱和水浸出物进行分析（Chen & Zhou，2005），结果表明，茶多酚含量的变异范围在13.6%~47.8%，平均为28.4%；从中国茶区的北部向南部，种质资源的茶多酚含量逐渐上升，其中云南茶树的茶多酚含量最高。儿茶素含量变异范围为8.2%~26.3%，平均为14.5%。氨基酸含量变异范围为1.1%~6.5%，平均为3.3%；我国茶区南部的茶树种质资源氨基酸含量显著低于北部和东部。咖啡碱平均含量为4.2%，变异范围在1.2%~5.9%；其中云南的高咖啡碱茶树资源非常丰富，其次是福建；中国和日本茶树资源的咖啡碱含量非常接近。水浸出物含量平均值为44.7%，变异范围在24.4%~57.0%，其变化规律与茶多酚类似（表1-13）。

表1-13 不同省份资源主要品质成分的比较

省份	茶多酚/%	儿茶素/（g/kg）	氨基酸/%	咖啡碱/%	水浸出物/%
云南（YN）	31.9 ± 4.6a	133.9 ± 27.4bcd	3.2 ± 0.8b	4.5 ± 0.5a	46.1 ± 2.1a
广西（GX）	30.2 ± 4.0ab	148.4 ± 35.6bc	3.1 ± 0.7bc	4.0 ± 0.5cd	42.5 ± 1.8cd
贵州（GZ）	29.2 ± 5.3bc	−	3.2 ± 0.6b	4.4 ± 0.3ab	46.2 ± 6.8b
广东（GD）	27.6 ± 5.8cd	127.9 ± 16.3cd	3.8 ± 0.7a	4.1 ± 0.3c	43.9 ± 2.9b
福建（FJ）	27.5 ± 4.1 d	152.5 ± 23.0b	3.0 ± 0.8bc	4.3 ± 0.4b	42.0 ± 2.5 de
四川（SC）	27.3 ± 2.8 de	−	3.8 ± 0.7a	3.8 ± 0.4ef	42.1 ± 2.2 de
湖北（HB）	27.2 ± 3.7 de	−	3.8 ± 0.6a	4.1 ± 0.3c	43.4 ± 2.7bc
湖南（HN）	26.2 ± 7.6 def	177.3 ± 48.4a	2.9 ± 0.9c	3.9 ± 0.7 de	40.2 ± 4.6f
江西（JX）	25.8 ± 4.8ef	133.4 ± 7.0bcd	3.7 ± 0.6a	4.0 ± 0.3cd	41.8 ± 3.6 de
陕西（SX）	25.1 ± 4.7f	−	3.8 ± 0.8a	4.0 ± 0.3cd	41.1 ± 1.5ef
浙江（ZJ）	22.0 ± 3.6 g	125.3 ± 23.8 d	3.7 ± 0.6a	3.7 ± 0.5f	40.2 ± 4.6f

注：不同字母代表在0.05水平上存在显著差异（省份间比较）。

对403份代表性茶树核心种质资源的儿茶素组分和嘌呤生物碱含量进行了春秋两季的系统鉴定（Jin et al., 2014；金基强 等，2014），结果表明，茶树3个变种间的儿茶素和咖啡碱含量存在显著差异，其中茶（*C. sinensis* var. *sinensis*）的儿茶素总量要显著低于白毛茶（*C. sinensis* var. *pubilimba*）和阿萨姆茶（*C. sinensis* var. *assamica*）（表1-14、表1-15）。而不同地理来源资源的儿茶素和咖啡碱含量也存在显著差异，其中儿茶素总量有着从南向北下降的趋势，云南和广西资源的多样性最高；同时云南和广东茶树资源的咖啡碱含量变异系数和多样性指数最大，而咖啡碱和可可碱等嘌呤生物碱在年度和季节之间都比较稳定（表1-16）。

表1-14　茶树3个变种的儿茶素含量比较（mg/g）

化学成分	茶（$n=320$）	阿萨姆茶（$n=21$）	白毛茶（$n=30$）
GC	3.2 ± 2.3b	3.4 ± 1.5b	7.7 ± 4.9a
EGC	16.6 ± 5.6a	17.0 ± 5.5a	12.4 ± 5.4b
C	2.0 ± 0.7c	2.7 ± 1.1b	3.3 ± 1.3a
EC	7.9 ± 2.3b	10.6 ± 3.9a	6.3 ± 3.9c
EGCG	94.6 ± 12.6ab	90.7 ± 18.0b	99.5 ± 15.4a
GCG	0.9 ± 2.2b	0.6 ± 1.1b	5.7 ± 5.3a
ECG	28.0 ± 6.7b	37.8 ± 10.2a	29.9 ± 9.3b
TC（儿茶素总量）	152.9 ± 16.2b	162.8 ± 22.3a	165.1 ± 21.3a
CI（儿茶素指数）	0.35 ± 0.16b	0.50 ± 0.16a	0.36 ± 0.17b

注：不同字母代表在0.05水平上存在显著差异（不同变种间比较）。

表1-15　不同地区茶树资源的儿茶素含量（mg/g）

省份	EGC	EC+C	EGCG	ECG	TC（总儿茶素）	CI（儿茶素指数）
安徽（$n=12$）	16.6 ± 5.5ab[a]	8.5 ± 2.0b	92.9 ± 10.3bc	25.7 ± 4.6b	146.5 ± 14.4bc	0.33 ± 0.07b
重庆（$n=21$）	16.3 ± 4.8ab	12.5 ± 10.0ab	94.3 ± 8.1bc	27.2 ± 4.2b	156.2 ± 15.9abc	0.38 ± 0.13ab
福建（$n=32$）	17.4 ± 3.7ab	9.8 ± 1.4ab	95.1 ± 12.0abc	27.4 ± 5.3b	153.0 ± 13.8abc	0.34 ± 0.08b
广东（$n=33$）	12.7 ± 4.8b	10.7 ± 6.9ab	98.1 ± 20.2ab	30.0 ± 8.9ab	161.9 ± 15.8ab	0.40 ± 0.26ab
广西（$n=38$）	13.6 ± 7.4b	10.1 ± 4.1ab	94.8 ± 16.4abc	29.0 ± 9.9b	161.2 ± 22.3ab	0.37 ± 0.20b

(续表)

省份	EGC	EC+C	EGCG	ECG	TC（总儿茶素）	CI（儿茶素指数）
贵州（n=27）	17.8 ± 6.4ab	11.5 ± 2.7ab	93.5 ± 12.1bc	30.2 ± 6.0ab	156.0 ± 14.9abc	0.39 ± 0.11ab
河南（n=8）	20.9 ± 5.4a	9.8 ± 1.2ab	109.9 ± 12.3a	22.9 ± 3.6b	167.0 ± 14.6a	0.26 ± 0.04b
湖北（n=30）	16.0 ± 4.8ab	8.5 ± 1.7b	96.1 ± 12.2abc	27.1 ± 4.0b	151.2 ± 15.3abc	0.33 ± 0.07b
湖南（n=10）	15.8 ± 5.1ab	9.4 ± 2.8b	98.1 ± 11.2abc	26.7 ± 4.9b	154.8 ± 16.1abc	0.33 ± 0.06b
江苏（n=16）	15.4 ± 3.5ab	9.9 ± 1.8ab	84.2 ± 7.3c	29.2 ± 5.3ab	141.6 ± 10.6c	0.40 ± 0.07ab
江西（n=18）	15.4 ± 7.4ab	9.4 ± 3.9b	100.1 ± 10.4ab	26.9 ± 5.3b	155.4 ± 15.5abc	0.33 ± 0.08b
四川（n=45）	17.7 ± 5.7ab	10.2 ± 2.0ab	96.5 ± 10.5abc	27.4 ± 3.7b	154.9 ± 15.3abc	0.34 ± 0.05b
云南（n=46）	16.8 ± 5.6ab	13.8 ± 5.2a	89.7 ± 21.7bc	36.8 ± 12.8a	160.6 ± 25.6ab	0.53 ± 0.24a
浙江（n=66）	15.8 ± 4.8ab	9.7 ± 2.1ab	90.4 ± 12.5bc	27.6 ± 6.1b	146.9 ± 15.3bc	0.36 ± 0.08b

注：不同字母代表在0.05水平上存在显著差异（省份间比较）。

表1-16　茶树3个变种间咖啡碱含量的比较（mg/g）

变种	2010年春季	2011年春季	2010年秋季	2011年秋季
茶（n=320）	34.5 ± 4.2b（a）	34.7 ± 4.2b（a）	35.2 ± 5.4b（a）	35.2 ± 5.3b（a）
阿萨姆茶（n=21）	37.1 ± 3.9a（b）	38.3 ± 3.3a（b）	42.9 ± 7.8a（a）	44.1 ± 5.8a（a）
白毛茶（n=30）	37.2 ± 3.5a（a）	38.1 ± 4.8a（a）	37.0 ± 4.0b（a）	36.1 ± 5.2b（a）

注：括号外字母表示不同变种，括号内字母表示不同季节在0.05水平上存在显著差异。

四、我国茶树种质资源基因多样性评估

充分了解和掌握茶树种质资源的遗传多样性和遗传结构是开展茶树种质资源收集保存、有益基因发掘和品种选育的重要基础。

（一）我国主要茶区种质资源的基因多样性比较

编者所在团队在国内最早引入RAPD、ISSR、SSR等分子标记从基因组水平开展中国无性系育成品种、乌龙茶和绿茶品种，以及中国茶树初选核心种质资源的遗传多样性水平和遗传结构等研究。

选择我国14个产茶省（区、市）有代表性的450份资源，利用96个SSR标记分析了这些种质资源基因组DNA的遗传多样性（Yao et al., 2012）。结果表明，在茶树起源中心附近的地区，如广西、云南、贵州等地的基因多样性较高；而在远离茶树起源中心的地区，如河南、江苏和安徽等地的基因多样性较低（表1-17），这与基于表型分析的结果相一致。我国茶树资源的基因多样性呈现以我国茶树起源中心为起点，自西向东、由南向北逐渐降低的空间分布特点，这为分析我国茶树驯化和传播路径提供了科学依据。

表1-17 不同地区茶树资源的基因多样性比较

地区	种质数	位点数	等位位点数	基因多样性指数	多态性信息含量
云南	55	346	3.6	0.609	0.578
广西	55	365	3.8	0.636	0.604
广东	51	336	3.5	0.599	0.566
四川	49	288	3.0	0.525	0.492
贵州	33	307	3.2	0.562	0.528
重庆	30	259	2.7	0.541	0.502
湖北	34	269	2.8	0.551	0.517
江西	20	269	2.8	0.506	0.464
浙江	35	288	3.0	0.493	0.454
福建	32	240	2.5	0.461	0.419
湖南	13	173	1.8	0.460	0.410
安徽	15	211	2.2	0.496	0.452
江苏	14	182	1.9	0.466	0.420
河南	14	173	1.8	0.459	0.413
合计	450	409	4.3	0.640	0.610

分析比较野生茶树、地方品种和选育品种（系）多样性，结果显示，野生资源的基因多样性水平最高，而选育品种（系）的基因多样性水平最低（表1-18）。这表明，人工选择对茶树遗传多样性产生了一定影响。野生资源、地方品种和选育品种

（系）间的遗传分化系数为0.05，说明95%的变异存在于类群内。

表1-18　野生茶树、地方品种和育成品种的基因多样性比较

种质类型	种质数量	等位位点数	基因多样性指数	多态性信息含量
野生资源	32	323	0.645	0.613
地方品种	331	406	0.632	0.602
育成品种	87	366	0.588	0.552
合计	450	409	0.619	0.590

通过对450份茶树种质资源的SSR位点检测，发现在42份种质中出现了19个稀有基因位点，这些位点在供试材料中出现频率低于1%。统计表明，73.7%的等位位点出现在云南和广西的种质资源中（表1-19），而且在'双柏1号''楚雄中叶''泗洲茶''金秀2号'等种质资源中还发现了一些特异的稀有等位基因位点，这些位点在其他种质中均未检测到。

表1-19　检测到的稀有等位基因位点

标记	云南	广西	广东	重庆	贵州	浙江	福建	四川	湖南	合计
TM68	0	1(3)*	0	0	0	0	0	0	1(1)	1(4)
TM80	0	1(1)	0	1(1)	0	0	0	0	0	1(2)
TM134	1(1)	0	0	0	0	0	0	0	0	1(1)
TM137	0	1(1)	0	0	0	0	0	0	0	1(1)
TM153	0	0	0	1(1)	0	0	0	1(1)	0	1(2)
TM161	0	1(2)	0	0	0	0	0	0	0	1(2)
TM164	0	0	1(1)	1(3)	0	0	0	0	0	1(4)
TM170	1(3)	0	0	0	0	0	0	0	0	1(3)
TM172	0	1(4)	0	0	0	0	0	0	0	1(4)
TM184	1(2)	0	0	0	1(1)	0	0	0	0	1(3)
TM191	1(1)	1(1)	0	0	0	0	0	0	0	1(2)
TM193	0	1(1)	0	0	0	0	0	0	0	1(1)
TM194	0	1(1)	0	0	0	0	0	0	0	1(1)
TM208	1(1)	0	0	0	1(1)	0	0	0	0	1(3)
TM210	1(2)	0	0	0	0	1(1)	0	0	0	1(3)

（续表）

标记	云南	广西	广东	重庆	贵州	浙江	福建	四川	湖南	合计
TM226	1(2)	1(2)	2(2)	0	0	0	0	0	0	2(6)
TM228	0	0	1(2)	0	0	0	0	0	0	1(2)
TM281	0	1(1)	1(1)	0	0	0	1(1)	0	0	1(3)
Total	6(11)	9(14)	5(6)	3(5)	2(2)	1(1)	1(1)	1(1)	1(1)	19(42)

注：括号外的数字表示稀有等位位点数，括号内的数字表示观测到稀有等位位点的种质数。

基于数学模型的遗传结构分析表明，我国茶树种质资源被分为5个群体（图1-2a），群体结构组成与地区差异有关（图1-2b）。POP1中97.9%的种质来源于云南；POP2中，94.6%的种质资源来源于广西和广东；POP3中，90.4%的种质资源来源于四川和湖北；POP4中，85.7%的种质资源来源于贵州和重庆；而在POP5中，主要聚集了来自浙江、福建、湖南、安徽、江苏、河南等地的栽培品种。总之，西南、华南地区的茶树资源基本分布在POP1~4中，而中国中部、东部和北部茶区的资源均分布在POP5中。而且，POP5中主要集中了现代育成品种，包括贵州、广西、广东等地的育成品种。群体结构与种质类型也有关（图1-2c）。研究中选用的87个育成品种，有86.2%被聚类到POP5中。育成品种的遗传结构比较单一，而地方品种和野生资源的遗传结构则比较复杂，如地方品种在5个推测群体中均有分布，野生资源除未出现在POP5中，在其他4个群体中均有分布。这表明，POP5代表着品种驯化程度较高的群体。

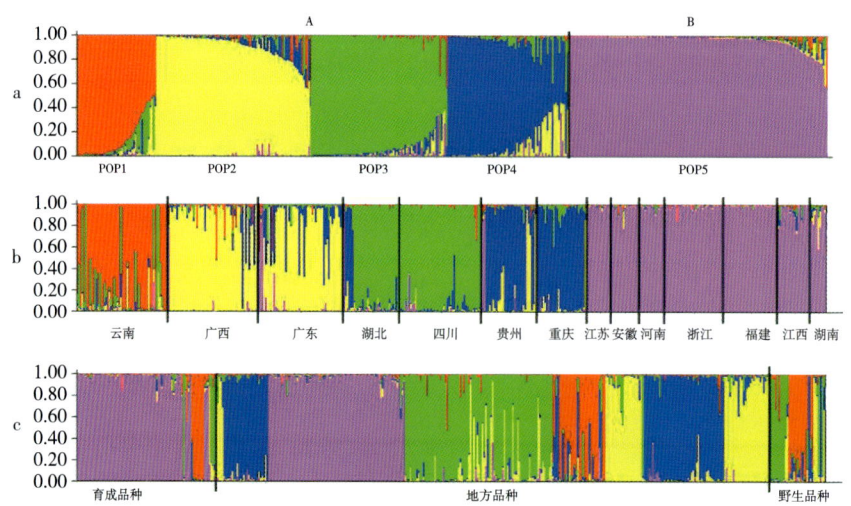

a—450份茶树种质根据Q值分别被归类到5个推测的群体中，其中每条垂直线代表一份种质；
b—不同地区茶树种质资源在推测群体结构中的分布情况；c—不同种质类型在推测群体结构中的分布情况。

图1-2 基于数学模型推测的我国茶树种质资源群体结构

基于遗传距离的N-J聚类分析将450份资源分为两个大类群,其中西南、华南地区的资源聚集在类群Ⅰ中,而中部、东部和北部茶区的资源则聚集在类群Ⅱ中(图1-3)。大多数资源按照地理来源聚类,相邻地区的茶树亲缘关系较近,往往聚类在一起。这种地区相似性与基于数学模型的分析结果较为一致。

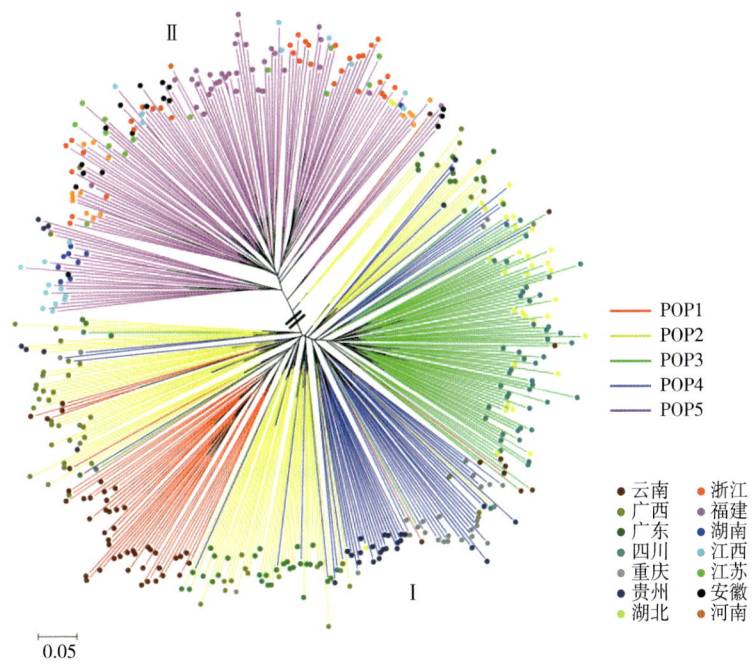

图1-3 基于NEI'S遗传距离推测的我国茶树种质资源聚类图

对我国不同地区茶树群体间的亲缘关系进行分析,结果表明,江苏和重庆资源间遗传距离最远,为0.17;湖南和贵州资源间的遗传距离次之,为0.16;广东和广西资源间的遗传距离最近(图1-4)。

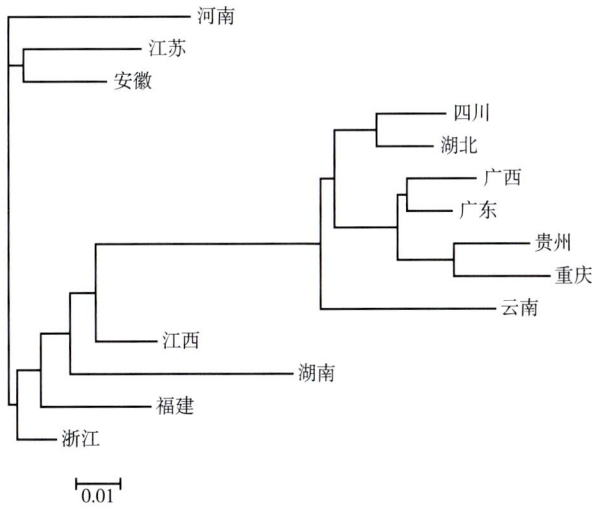

图1-4 不同省(区、市)资源群体的亲缘关系

（二）我国茶树资源的种群结构分析

随着高通量测序技术的发展，茶树'舒茶早''龙井43'等高质量染色体水平基因组相继发布，这为从全基因组水平研究我国茶树种质资源种群结构提供新的思路。

以'舒茶早'为参考基因组，对来自老挝、俄罗斯、阿塞拜疆、伊朗以及中国主要产茶区的81份栽培型茶树、古茶树和野生茶树进行重测序分析，研究了茶树种群之间的关系和差异（Xia et al.，2020）。基于鉴定到的6 252 201个SNPs，构建NJ系统进化树，结果表明这些茶树资源明显分成三类：茶、阿萨姆（普洱）茶和野生型。其中位于云南和老挝的茶树种质和野生茶树种质聚在一起，位于栽培茶树的基部，表明它们可能是古老的茶树类群，可以作为祖先类群。进一步基于群体结构和主成分分析，结果显示这些茶树资源可以被归于3种茶树类型。此外，茶树的连锁不平衡（LD）分析表明，优良选育品种的核苷酸多样性有所下降，这表明了优良选育品种存在潜在的种群瓶颈或人工选择。Tajima's D分析结果显示从古茶树和地方栽培品种到优良选育品种的Tajima's D连续增加，表明在茶树品种改良过程中正向选择逐渐增强。与系统发育结果一致，不同茶树亚群之间的基因流从野生茶树和古茶树到地方品种，从地方品种到优良选育品种以及从中国到阿塞拜疆、伊朗和俄罗斯的基因流动都非常强烈。重要的是，来自国内不同地区的茶树遗传多样性结果支持了我国茶树西南起源的假说（Xia et al.，2020）。

以'龙井43'为参考基因组，对来自世界各地的139份茶树资源进行全基因组重测序，以分析不同茶树资源类型之间差异的遗传机制。构建的系统发生树显示，供试种质被分成3个大的分支：茶树近缘种（CSR）、茶（CSS）和普洱茶（CSA），这一结果与形态学分类一致。主成分分析和群体结构分析均表明，CSR、CSS和CSA 3个类群可以被明显区分开。但主成分分析结果显示CSS群体的聚集性比CSA和CSR高，CSA和CSS在地理位置重叠或毗邻地区的样本在进化树中靠近CSR；群体结构分析中当K由3变为4时，新出现的茶树聚类群多为国外茶树品种，表明了这些茶树资源与我国茶树种质存在着遗传结构差异（Wang et al.，2020）。

近年来，基因芯片技术作为一项主流基因分型技术，也逐步应用于种质资源群体结构分析。基于上述提及的139份茶树资源重测序数据构建了一款包含200K SNP的茶树固相芯片，并利用该芯片检测了来自不同省份的142份茶树种质资源（Wei et al.，2021）。基于获得的基因分型数据进行群体结构分析，结果显示这些茶树资源被清晰地分成三簇：CSS、CSA和过渡型（图1-5A）；由于一些茶树资源是CSS和CSA杂交产生的，表明了这些资源是CSS和CSA的过渡类型。进一步的系统发育分析结果与群体结构结果一致，从系统发生树可以看出CSS类型的茶树资源聚集得更紧密，表明了CSS群体内发生的遗传变异比其他茶树低（图1-5B）。

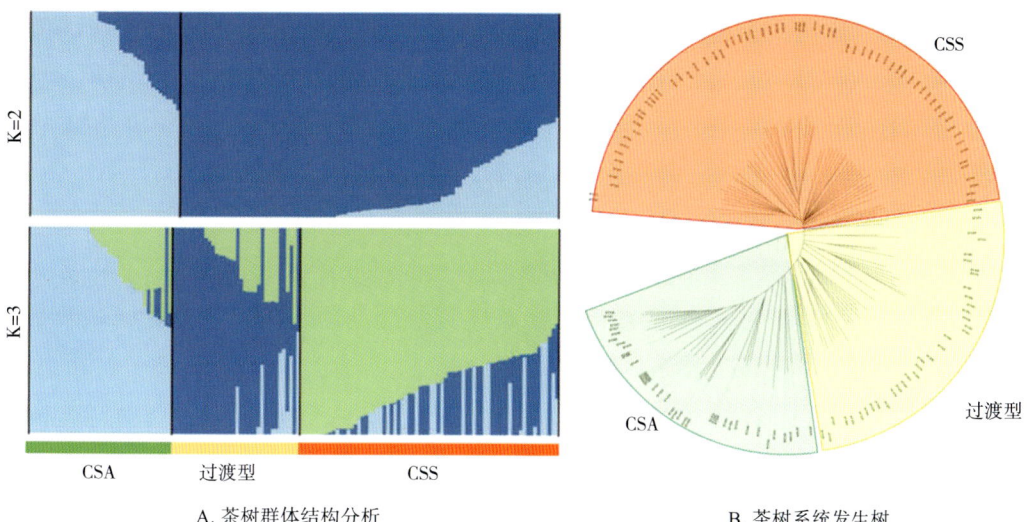

A. 茶树群体结构分析　　　　　　B. 茶树系统发生树

图1-5　基于SNP芯片的142份茶树种质资源群体结构分析

第五节　野生珍稀资源的保护和利用

野生茶树资源主要分布在山涧沟壑的原始森林或者次生林中，部分生长在偏远山区村寨中的田间地头、房前屋后。生态环境的破坏以及人为的干扰导致野生茶树面临濒危甚至死亡的风险。野生茶树资源作为选育特色茶树品种和开发功能性产品的物质基础，是推动农业绿色发展和维护生物多样性的战略性资源。2021年9月7日，国家林业和草原局、农业农村部联合发布新版《国家重点保护野生植物名录》，其中将山茶属茶组植物中的所有种列为国家二级保护野生植物。因此，亟待对野生茶树资源开展保护性工作。

采集野生茶树资源是开展科学研究和繁育利用等工作的前提，在这个过程中，应按照《中华人民共和国野生植物保护条例》（以下简称条例），先向有关部门申请采集证，并严格按照采集证的规定内容采集样本。该条例的第十六条第二款规定：采集国家二级保护野生植物的，必须经采集地的县级人民政府野生植物行政主管部门签署意见后，向省、自治区、直辖市人民政府野生植物行政主管部门或者其授权的机构申请采集证。第十七条规定：采集国家重点保护野生植物的单位和个人，必须按照采集证规定的种类、数量、地点、期限和方法进行采集。该条例还对外国人考察我国重点保护野生植物做出了约束，条例第二十一条规定：外国人不得在中国境内采集或者收购国家重点保护野生植物。且外国人在中国境内对农业行政主管部门管理的国家重点保护野生植物进行野外考察的，应当经农业行政主管部门管理的国家重点保护野生植物所在地的省、自治区、直辖市人民政府农业行政主管部门批准。

一、野生茶树资源面临的生存现状

造成野生茶树资源分布面积减少、植株生存受到威胁的原因主要有以下几点。

（1）商家盲目炒作、过度宣传野生茶树资源的利用价值，在周边开发旅游景点，游客的频繁出入对其生境造成影响。

（2）野生茶树发现后，茶农在经济利益驱使下，对野生茶树过度采摘甚至砍伐采摘。

（3）当地群众生产生活范围的不断扩大，在野生茶树资源生长点毁林开荒种植经济、粮食作物，或者在野生茶树分布区长期过度放牧。

（4）野生茶树长期生长在高湿的环境下，容易感染炭疽病，受到苔藓和地衣的危害。

（5）与同一生境分布的其他木本植物和藤本植物相比，野生茶树具有较弱的生存竞争能力。

可见原生境遭到破坏严重影响野生茶树的生长，甚至致使一些野生茶树濒临死亡。如栽培型南糯山大茶树因衰老而死亡；五洛河师宗大茶树因过度采摘而死亡；云县大苞茶因梯坎坍塌而死亡；千家寨2号大茶树因虫害而死亡等（蒋会兵 等，2009；宋维希 等，2014；温顺位 等，2014）。

二、野生茶树资源的保护策略

在漫长的进化过程中，野生茶树已经与生境内的各项环境因子形成了紧密的适应关系，一旦光照、温度、湿度、植被覆盖情况等发生细小的变化都会给野生茶树带来不适反应。因此，对野生茶树资源所采取的最理想的保护措施应该是原生境保护，如建立生态保护区、保护点、森林公园等，在注重保护生态环境的同时更加重视野生茶树资源的保护，归还野生茶树一个自然的原始的生态条件（唐一春 等，2009；余岭，2016）。如云南为保护野生茶树资源建立了哀牢山野生茶保护区和千家寨野生茶树群落自然保护区，广西建立了融水野生茶保护区等。

三、野生茶树资源的保护建议

野生茶树资源是中国作为茶树原产地的"历史见证"和"活化石"，保护野生茶树资源是一件功在当代、利在千秋的系统性工程，各级政府主管部门、科研机构、茶区企业和当地居民均有责任承担起保护野生茶树资源的任务。主要从以下几点开展工作（孙雪梅 等，2012；余玲，2016）。

（1）当地政府部门应牵头组建野生茶树资源的保护和管理机构，委派人员定期巡视野生茶树资源的生长状态以及所处生态环境的现状。

（2）将野生茶树资源的保护和管理纳入法律保护范畴，对乱砍滥伐野生茶树资源者做到违法必究。

（3）大力宣传保护野生茶树资源的必要性、重要性，增强群众的保护意识。制定野生茶树保护的村规民约，严防过度采摘、破坏茶树的行为。

（4）强化科技支撑。实施野生珍稀种质资源保护项目，研究建立野生珍稀资源非破坏性调查收集、高效无性繁殖更新和实时保护监测技术，建立异位和原生境结合的保护监测技术体系。

（5）在保护中开发利用。根据野生茶树资源的分布范围，濒危程度划定保护的等级和范围。通过仿生栽培等方式回植被破坏的野生茶树种群，恢复种群数量。在加强保护的同时，还要加强野生茶树种质资源的鉴定评价和创新利用研究，利用野生资源蕴藏的有利基因，培育茶树新品种，改进茶叶加工工艺，开发新产品，提高其经济价值。

第二章

我国代表性野生茶树图谱

第一节 大厂茶

大厂茶（*Camellia tachangensis* F. C. Zhang）是茶组植物中最原始的种之一。该种首次发表于1980年，模式标本采集于云南师宗县（张芳赐，1980）。闵天禄（2000）将四球茶（*C. tetracocca*）、五室茶（*C.quinquelocularis*）等作为同种异名归并到本种。

该种为乔木或小乔木，顶芽、幼枝、叶片均无茸毛。叶革或薄革质，椭圆或长椭圆形，叶尖渐尖或尾尖，叶基楔形。花1~2（3）朵腋生，白色，花冠较大，直径一般5.0 cm以上；子房无茸毛，5（4）室，柱头5（4）裂。蒴果为梅花形、四球形、扁球形或近圆球形，果皮厚度中等，厚1~2 mm，种子为球形或近球形等。该种与其他种相区别的重要特征是各部位均无毛，子房5室。主要分布在云南东部、贵州西南部和广西西北部，生长于1 500 m以上的常绿阔叶林中（张芳赐，1980；闵天禄，2000）。

大厂茶种质资源不同个体不仅存在形态特征的差异（李彩云 等，2022），而且其儿茶素、游离氨基酸、生物碱等功能性成分的含量也有明显变异（刘苇 等，2021；杨春 等，2024）。儿茶素组分比例与栽培茶树存在明显差异，可溶性果胶含量较高（白鼎臣 等，2023）。大厂茶叶片中的儿茶素以表儿茶素（EC）、表儿茶素没食子酸酯（ECG）为主，而表没食子儿茶素没食子酸酯（EGCG）含量较低；大厂茶含有25种氨基酸，以茶氨酸占比最高；生物碱多以咖啡碱为主，少部分发现以苦茶碱为主。在大厂茶中发现了EGC>80.0 mg/g、EC>50.0 mg/g、咖啡碱<1.0%、苦茶碱>2.5%的特异资源（杨春 等，2024）。挥发性物质分析表明，大厂茶具备产生花果香风味的物质基础（刘苇 等，2021）。

利用简化基因组测序分析比较了贵州大厂茶、秃房茶和栽培茶树的群体结构，发现大厂茶居群的遗传多样性较低，且与栽培茶树的遗传距离较远，存在明显的遗传分化（Niu et al., 2019）。其群体结构受土壤基质成分、pH值和海拔等因素影响，生长在海拔1 400 m以上的碳酸岩基质土壤上的大厂茶遗传多样性明显低于生长在海拔低于1 100 m的硅酸岩秃房茶居群（He et al., 2023）。

大厂大茶树1号

Camellia tachangensis 'Dachang Dachashu 1'

基本信息

品种类型：野生近缘种

原产地：云南省曲靖市师宗县

保存地：云南省师宗县

观测地点：云南省师宗县

植物学特征和生物学特性

树体：乔木，树姿直立，树高10.8 m，树幅6.2 m×5.4 m，基部干径0.6 m，最低分枝高0.6 m，分枝稀。

新梢：一芽一叶期3月下旬，一芽二叶期4月上旬，芽叶绿色、茸毛少，一芽三叶长6.5 cm，一芽三叶百芽重105.2 g。

叶片：叶片着生稍上斜，叶长12.5 cm，叶宽5.0 cm，叶面积43.8 cm^2，大叶，呈长椭圆形；叶脉8~10对，叶色绿，有光泽，叶面微隆起，叶身内折，叶革质较硬；叶齿锐度中、密度中、深度中，叶基楔形，叶尖渐尖，叶缘微波折。

花：盛花期11月中旬，萼片5枚、绿色、有茸毛；花冠直径5.5 cm，花瓣10~12枚、白色、质地厚；子房5室、无茸毛，花柱长1.7~2.1 cm，花柱先端5裂，雌蕊高。

果实与种子：果实扁球形，果径3.5 cm，鲜果皮厚3.5 mm；种子不规则形、似油茶籽，种径1.8 cm，种皮粗糙、褐色。

下金厂大茶树1号

Camellia tachangensis 'Xiajinchang Dachashu 1'

基本信息

品种类型：野生近缘种
原产地：云南省文山壮族苗族州麻栗坡县
保存地：云南省麻栗坡县
观测地点：云南省麻栗坡县

植物学特征和生物学特性

树体：小乔木，树姿半开张，树高13.5 m，树幅11.9 m×10.7 m，基部干径0.9 m，最低分枝高0.2 m，有3个分枝，分枝中。

新梢：一芽一叶期3月上旬，一芽二叶期3月中旬，芽叶绿色、茸毛少，一芽三叶长7.6 cm，一芽三叶百芽重105.5 g。

叶片：叶片着生稍上斜，叶长13.6 cm，叶宽5.1 cm，叶面积48.7 cm^2，大叶，呈长椭圆形；叶脉9~11对，叶色绿，叶面微隆起，叶身内折，叶革质硬度中；叶齿锐度钝、密度密、深度浅，叶基楔形，叶尖渐尖，叶缘微波折。

花：盛花期10月中旬，萼片5枚、绿色、有茸毛；花冠直径8.8 cm，花瓣7~8枚、白色、质地中、有茸毛；子房5室、无茸毛，花柱1.5 cm，花柱先端5裂，裂位深，雌蕊高。

果实与种子：果实球形，果径5.1 cm，鲜果皮厚12 mm；种子球形，种径1.7 cm，种皮棕褐色。

品质性状

春茶一芽二叶初展干样水浸出物41.1%，咖啡碱2.4%，茶多酚18.1%，氨基酸2.4%，酚氨比7.5。

儿茶素总量134.1 mg/g，其中EGCG 18.9 mg/g，EGC 88.9 mg/g，ECG 5.0 mg/g，EC 4.0 mg/g，C 17.3 mg/g。

四球古茶1号

Camellia tachangensis 'Siqiu Gucha 1'

基本信息

品种类型：野生近缘种
原产地：贵州省黔西南布依族苗族自治州普安县
保存地：贵州大学茶树资源圃
观测地点：贵州省普安县、贵州大学

植物学特征和生物学特性

树体：乔木，树姿半开张。

新梢：一芽一叶期4月上旬，一芽二叶期4月中旬，芽叶绿色、无茸毛，一芽三叶长为9.3 cm，一芽三叶百芽重为76.1 g。

叶片：叶片着生上斜，叶长13.1 cm，叶宽5.9 cm，叶面积54.1 cm^2，大叶，呈椭圆形；叶脉12对，叶色绿，叶面隆起，叶身内折，叶质硬；叶齿锐度中、密度中、深度浅，叶基楔形，叶尖急尖，叶缘平。

花：盛花期10月下旬或11月上旬，萼片5枚、绿色、无茸毛；花冠直径5.7 cm，花瓣10枚、白色、质地中；子房5室、无茸毛，花柱5裂，裂位高，雌雄蕊近等高。

果实与种子：果实梅花形，果径3.6 cm，果皮厚度1.6 mm；种子扁球形或球形，种径2.3 cm，种皮棕褐色。

品质性状

适制红茶。

水浸出物48.3%，咖啡碱3.7%，茶多酚26.2%，氨基酸2.5%，酚氨比10.5。

抗性性状

抗小绿叶蝉。

大厂茶

第二章 我国代表性野生茶树图谱

四球古茶2号

Camellia tachangensis 'Siqiu Gucha 2'

基本信息

品种类型：野生近缘种

原产地：贵州省黔西南布依族苗族自治州普安县

保存地：贵州省普安县

观测地点：贵州省普安县

植物学特征和生物学特性

树体：灌木，树姿半开张。

新梢：一芽一叶期4月上旬，一芽二叶期4月中旬，芽叶绿色、无茸毛，一芽三叶长8.8 cm，一芽三叶百芽重68.7 g。

叶片：叶片着生上斜，叶长14.9 cm，叶宽5.9 cm，叶面积61.5 cm^2，特大叶，呈椭圆形；叶脉8对，叶色深绿，叶面隆起，叶身内折，叶质硬；叶齿锐度中、密度中、深度浅，叶基楔形，叶尖急尖，叶缘平。

花：盛花期11月上旬，萼片5枚、绿色、无茸毛；花冠直径6.0 cm，花瓣9枚、白色、质地中；子房无茸毛，花柱5裂，裂位高，雌蕊高。

果实与种子：果实梅花形，果径4.0 cm，果皮厚度2.1 mm；种子扁球形或球形，种径1.6 cm，种皮棕褐色。

抗性性状

抗寒性强，抗小绿叶蝉。

大厂茶

第二章 我国代表性野生茶树图谱

45

平塘1号

Camellia tachangensis 'Pingtang 1'

基本信息

品种类型：野生近缘种

原产地：贵州省黔南布依族苗族自治州平塘县

保存地：贵州大学茶树资源圃

观测地点：贵州省普安县、贵州大学

植物学特征和生物学特性

树体：乔木，树姿半开张。

新梢：一芽一叶期3月下旬，一芽二叶期4月上旬，芽叶绿色、无茸毛，一芽三叶长11.2 cm，一芽三叶百芽重101.5 g。

叶片：叶片着生上斜，叶长11.3 cm，叶宽5.9 cm，叶面积46.7 cm^2，大叶，呈近圆形；叶脉8对，叶色绿，叶面微隆起，叶身平或稍背卷，叶质软；叶齿锐度锐、密度密、深度深，叶基楔形，叶尖急尖，叶缘微波折。

花：盛花期10月下旬，萼片5枚、绿色、无茸毛；花冠直径4.2 cm，花瓣8枚、白色、质地薄；子房5室、无茸毛，花柱5裂，裂位高，雌蕊高。

果实与种子：果实梅花形，果径3.9 cm，果皮厚度1.9 mm；种子扁球形或球形，种皮棕褐色。

品质性状

适制红茶。

咖啡碱3.6%，茶多酚27.2%，氨基酸2.8%。

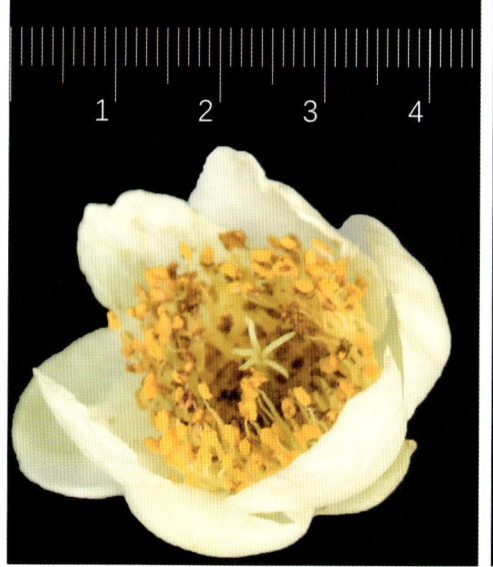

兴义1号

Camellia tachangensis 'Xingyi 1'

基本信息

品种类型：野生近缘种

原产地：贵州省黔西南布依族苗族自治州兴义市

保存地：贵州大学茶树资源圃

观测地点：贵州省兴义市、贵州大学

植物学特征和生物学特性

树体：乔木，树姿开张。

新梢：一芽一叶期4月上旬，一芽二叶期4月中旬，芽叶深绿色、无茸毛，一芽三叶长10.2 cm，一芽三叶百芽重90.2 g。

叶片：叶片着生上斜，叶长11.6 cm，叶宽4.0 cm，叶面积32.5 cm^2，中叶，呈长椭圆形；叶脉9对，叶色深绿，叶面隆起，叶身平，叶质中；叶齿锐度钝、密度密、深度浅，叶基楔形，叶尖急尖，叶缘形态平。

花：盛花期11月上旬，萼片5枚、绿色、无茸毛；花冠直径5.9 cm，花瓣9枚、白色；子房无茸毛，花柱5裂，裂位高，雌蕊高。

果实与种子：果实梅花形，果径3.9 cm，果皮厚度1.5 mm；种子球形，种皮棕褐色。

品质性状

适制红茶、乌龙茶。

水浸出物42.7%，咖啡碱3.5%，茶多酚20.7%，游离氨基酸4.2%。

惠水1号

Camellia tachangensis 'Huishui 1'

基本信息

品种类型：野生近缘种

原产地：贵州省黔南布依族苗族自治州惠水县

保存地：贵州大学茶树资源圃

观测地点：贵州省惠水县、贵州大学

植物学特征和生物学特性

树体：乔木，树姿半开张。

新梢：一芽一叶期4月上旬，一芽二叶期4月中旬，芽叶绿色、茸毛无，一芽三叶长10.3 cm，一芽三叶百芽重81.2 g。

叶片：叶片着生上斜，叶长9.3 cm，叶宽4.1 cm，叶面积26.7 cm^2，中叶，呈椭圆形；叶脉9对，叶色深绿，叶面隆起，叶身平或稍背卷，叶质中；叶齿锐度锐、密度密、深度浅，叶基楔形，叶尖急尖，叶缘平。

花：盛花期10月下旬或11月上旬，萼片5枚、绿色、无茸毛；花冠直径3.8 cm，花瓣10枚、白色、质地中；子房5室、无茸毛，花柱5裂，裂位高，雌雄蕊近等高。

果实与种子：果实梅花形，果径4.2 cm，果皮厚度1.4 cm；种子球形，种皮棕褐色。

品质性状

适制红茶。

水浸出物45.8%，咖啡碱3.3%，茶多酚24.8%，氨基酸2.2%。

大厂茶

第二章 我国代表性野生茶树图谱

51

第二节 大理茶

大理茶[*Camellia taliensis*(W. W. Smith)Melchior]是1917年英国植物学家W. W. Smith以采集于云南大理苍山上的茶树标本命名的,最早定名为*Thea taliensis* W. W. Smith;1925年德国植物学家Melchior把大理茶合并入*Camellia*属,修订为山茶属的一个种。闵天禄(2000)将滇缅茶(*C.irrawadiensis*)、五柱茶(*C.pentastyla*)、五苞茶(*C.quinquebracteata*)、昌宁茶(*C. changningensis*)等作为同物异名归入大理茶。本种主要生长在云南西部、西南部、南部以及贵州、广西西部,少数扩散到中缅边境,以怒江、澜沧江流域为集中分布区(陈亮 等,2006)。

本种形态特征主要为乔木或小乔木,幼嫩枝无毛,顶芽无毛;叶厚革质,椭圆形或长椭圆形,叶尖有渐尖、急尖或尾尖,叶基楔形或阔楔形,叶面平或微隆起,叶缘有锐浅锯齿,部分叶缘1/4~1/3处无齿,叶面绿或深绿色,有光泽,叶背无毛;花单生或2~3朵腋生,白色,花冠大,直径4~6 cm;花梗长1.2~1.4 cm,无毛,苞片2~3个,早落;萼片5片,无毛,宿存;花瓣9~12枚,倒卵形或阔倒卵形,内轮花瓣基部略连生;雄蕊长约2 cm,无毛,外轮花丝下部合生;子房有毛,5室,花柱长1~1.5 cm,无毛或基部有毛,柱头5(4)裂;蒴果扁球形,果径3~5 cm,5室,果皮厚1~3 mm;种子球形或近球形,种皮较粗糙,褐色或墨褐色。本种区别于其他种的显著特征是,树体高大,顶芽、嫩枝及叶片均无毛,而子房被茸毛,花柱无毛(闵天禄,2000;陈亮,2006)。

大理茶种质资源农艺性状存在着较明显的遗传变异,尤其是品质化学成分(段志芬,2019)。对21份云南野生大理茶种质资源进行分析,发现茶多酚平均含量21.39%(18.80%~25.20%)、游离氨基酸总量平均为2.52%(2.00%~3.90%)、咖啡碱含量平均为3.03%(1.10%~4.10%)、水浸出物含量平均为48.36%(45.30%~52.50%)、儿茶素总量平均为9.13%(4.37%~14.17%)。5种儿茶素组分含量大小的总体趋势为EGCG>ECG>EC>EGC>C。非酯型儿茶素含量变异范围为1.08%~5.23%,平均为2.76%;酯型儿茶素含量变异范围为3.00%~10.17%,平均为6.36%。发现了茶多酚含量≥25.0%的特异资源'安定野茶',咖啡碱含量≤1.5%的特异资源'困六山大叶茶''勐稳野茶'(杨盛美 等,2020)。研究还发现,在大理茶中含有较多的水解单宁成分,以富含新化合物大理茶素1,2-O-没食子酰-4,6-O-(S)-六羟基二苯酰-β-D-吡喃葡萄糖为特色(Gao et al.,2008)。比较分析云南白莺山大理茶及栽培大叶茶(*C. sinensis* var. *assamica*)的化学成分,发现大理茶的大理茶素含量达2.27%,而栽培大叶茶则不含大理茶素,而被认为是大理茶引种驯化栽培或与栽培种杂交的本山茶、二嘎子茶等的大理茶素含量0.22%~0.77%,介于大理茶和栽培种之间(张颖君 等,2010)。比较分析云南省千家寨不同海拔的野生大理茶的代谢组,发现代谢物差异显著(侯孟月 等,2024),其中海拔2 050 m的大理茶黄酮类物质更为丰富,2 200 m的氨基酸类、核苷酸类、生物碱类以及脂质类代谢物种类和含量更高,而海拔2 350 m及2 500 m的酚酸和有机酸类物质显著增加。这是大理茶对不同海拔上垂直气候变化做出的代谢响应。

在基因水平检测大理茶居群的遗传多样性,发现居群间的遗传分化较低,遗传变异主要存在于居群内(季鹏章 等,2009;Yang et al.,2009;毛娟 等,2021)。相比栽培茶树,野生大理茶居群的遗传多样性相比较低,且发现大理茶与当地普洱茶(*C. sinensis* var. *assamica*)栽培茶树存在基因渐渗现象,可能参与了栽培种的驯化(Zhao et al.,2014;李苗苗 等,2015)。分布在哀牢山以西云南西部地区的大苞茶(*C. grandibracteata*)很可能是由大理茶和茶在茶园长期栽培的条件下自然杂交而形成(赵东伟和杨世雄,2012)。

千家寨大茶树

Camellia taliensis 'Qianjiazhai Dachashu 1'

基本信息

品种类型：野生近缘种

原产地：云南省普洱市镇沅县

保存地：云南哀牢山国家级自然保护区

观测地点：云南省镇沅县

植物学特征和生物学特性

树体：乔木，树姿直立，树高25.6 m，树幅22.0 m×20.0 m，基部干径0.9 m，最低分枝高3.6 m。

新梢：一芽一叶期3月中旬，一芽二叶期3月下旬，芽叶黄绿色、无茸毛，一芽三叶长6.9 cm，一芽三叶百芽重107.2 g。

叶片：叶片着生稍上斜，叶长14.0 cm，叶宽5.8 cm，叶面积56.8 cm^2，大叶，呈椭圆形；叶脉10对，叶色深绿，叶面微隆起，叶身内折，叶革质较硬；叶齿锐度钝、密度稀、深度浅，叶基楔形，叶尖渐尖，叶缘微波折。

花：盛花期11月上旬，萼片5枚、绿色、茸毛中；花冠直径5.8 cm，花瓣12枚、白色、质地中；子房4~5室、有茸毛，花柱长1.2 cm，花柱先端4~5裂，雌蕊低。

果实与种子：果实扁球形，果径3.8 cm，鲜果皮厚2.4 mm；种子球形，种径1.9 cm，种皮棕褐色，种子百粒重264.0 g。

巴达大茶树2号

Camellia taliensis 'Bada Dachashu 2'

基本信息

品种类型：野生近缘种
原产地：云南省西双版纳傣族自治州勐海县
保存地：云南省勐海县
观测地点：云南省勐海县

植物学特征和生物学特性

树体：小乔木，树姿直立，树高13.2 m，树幅5.0 m×3.5 m，基部干径0.6 m，最低分枝高0.8 m，分枝稀。

新梢：一芽一叶期2月中旬，一芽二叶期2月下旬，芽叶绿色、无茸毛，一芽三叶长6.8 cm，一芽三叶百芽重115.7 g。

叶片：叶片着生稍上斜，叶长12.8 cm，叶宽5.6 cm，叶面积50.3 cm^2，大叶，呈椭圆形；叶脉7~12对，叶色深绿，叶面平，叶身内折，叶革质；叶齿锐度钝、密度中、深度浅，叶基楔形，叶尖渐尖，叶缘微波折。

花：盛花期9月中旬，萼片5枚、绿色、无茸毛；花冠直径7.1 cm，花瓣10~12枚、白色、质地中；子房5室、有茸毛，花柱长1.7 cm，花柱先端5裂、雌蕊高。

品质性状

春茶一芽二叶初展干样水浸出物54.9%，咖啡碱3.9%，茶多酚42.6%，氨基酸3.4%，酚氨比12.7。

滑竹梁子大茶树1号

Camellia taliensis 'Huazhuliangzi Dachashu 1'

基本信息

品种类型：野生近缘种

原产地：云南省西双版纳傣族自治州勐海县

保存地：云南省勐海县

观测地点：云南省勐海县

植物学特征和生物学特性

树体：乔木，树姿直立，树高16.8 m，树幅4.9 m×5.7 m，基部干径0.8 m，最低分枝高0.9 m，分枝稀。

新梢：一芽一叶期2月下旬，一芽二叶期2月底或3月初，芽叶绿色、无茸毛，一芽三叶长7.1 cm，一芽三叶百芽重100.3 g。

叶片：叶片着生稍上斜，叶长13.3 cm，叶宽4.7 cm，叶面积43.8 cm^2，大叶，呈长椭圆形；叶脉8~10对，叶色深绿，叶面平，叶身平，叶革质；叶齿锐度钝、密度中、深度浅，叶基楔形，叶尖渐尖，叶缘平。

花：盛花期10月上旬，萼片5（6）枚、绿色、无茸毛；花冠直径7.1 cm，花瓣8~12枚、白色、质地厚；子房5室、有茸毛，花柱长1.5 cm，花柱先端5裂，裂位中，雌雄蕊等高。

果实与种子：果实梅花形，果径2.7 cm，鲜果皮厚2.5 mm；种子球形，种径1.7 cm，种皮棕褐色。

品质性状

春茶一芽二叶初展干样水浸出物54.9%，咖啡碱1.8%，茶多酚34.3%，氨基酸4.3%，酚氨比8.0。

滑竹梁子大茶树2号

Camellia taliensis 'Huazhuliangzi Dachashu 2'

基本信息

品种类型：野生近缘种
原产地：云南省西双版纳傣族自治州勐海县
保存地：云南省勐海县
观测地点：云南省勐海县

植物学特征和生物学特性

树体：乔木，树姿直立，树高5.2 m，树幅4.2 m×1.3 m，基部干径0.6 m，最低分枝高0.4 m，分枝稀。

新梢：一芽一叶期2月中旬，一芽二叶期2月下旬，芽叶绿色、无茸毛，一芽三叶长7.2 cm，一芽三叶百芽重112.9 g。

叶片：叶片着生稍上斜，叶长13.5 cm，叶宽4.7 cm，叶面积44.4 cm^2，大叶，呈长椭圆形；叶脉8~11对，叶色深绿，叶面平，叶身平，叶革质较硬；叶齿锐度钝、密度中、深度浅，叶基楔形，叶尖渐尖，叶缘平。

花：盛花期10月上旬，萼片5枚、绿色、无茸毛；花冠直径7.0 cm，花瓣8~13枚、白色、质地厚；子房4室、有茸毛，花柱长1.5 cm，花柱先端4裂，裂位中，雌雄蕊等高。

果实与种子：果实梅花形，果径3.2 cm，鲜果皮厚2.5 mm；种子球形，种径1.8 cm，种皮棕褐色。

滑竹梁子大茶树3号

Camellia taliensis 'Huazhuliangzi Dachashu 3'

基本信息

品种类型：野生近缘种
原产地：云南省西双版纳傣族自治州勐海县
保存地：云南省勐海县
观测地点：云南省勐海县

植物学特征和生物学特性

树体：乔木，树姿直立，树高6.7 m，树幅1.4 m×1.5 m，基部干径0.5 m，最低分枝高0.2 m，分枝稀。

新梢：一芽一叶期2月下旬，一芽二叶期3月上旬，芽叶绿色、无茸毛，一芽三叶长6.9 cm，一芽三叶百芽重108.2 g。

叶片：叶片着生稍上斜，叶长12.6 cm，叶宽5.8 cm，叶面积51.2 cm^2，大叶，呈椭圆形；叶脉8~11对，叶色深绿，叶面平，叶身平，叶革质较硬；叶齿锐度钝、密度中、深度浅，叶基楔形，叶尖渐尖，叶缘平。

花：盛花期10月上旬，萼片5（6）枚、绿色、无茸毛；花冠直径5.5 cm，花瓣8~12枚、白色、质地厚；子房5室、有茸毛，花柱长1.6 cm，花柱先端5裂，裂位浅，雌蕊低。

果实与种子：果实梅花形，果径2.7 cm，鲜果皮厚2.5 mm；种子球形，种径1.6 cm，种皮棕褐色。

帕真大茶树1号

Camellia taliensis 'Pazhen Dachashu 1'

基本信息

品种类型：野生近缘种
原产地：云南省西双版纳傣族自治州勐海县
保存地：云南省勐海县
观测地点：云南省勐海县

植物学特征和生物学特性

树体：乔木，树姿直立，树高19.6 m，树幅10.2 m×10.1 m，基部干径0.9 m，最低分枝高1.5 m，分枝稀。

新梢：一芽一叶期2月中旬，一芽二叶期2月下旬，芽叶绿色、无茸毛，一芽三叶长8.7 cm，一芽三叶百芽重121.0 g。

叶片：叶片着生稍上斜，叶长13.0 cm，叶宽5.1 cm，叶面积46.4 cm^2，大叶，呈长椭圆形；叶脉8~10对，叶色深绿，叶面平，叶身平，叶革质较柔软；叶齿锐度钝、密度中、深度浅，叶基楔形，叶尖渐尖，叶缘平。

花：盛花期10月上旬，萼片5枚、绿色、无茸毛；花冠直径7.3 cm，花瓣9~12枚、白色、质地厚；子房5室、有茸毛，花柱长1.5 cm，花柱先端5裂，裂位浅，雌雄蕊等高。

果实与种子：果实梅花形，果径2.7 cm，鲜果皮厚4.2 mm；种子球形，种径1.8 cm，种皮棕色。

品质性状

春茶一芽二叶初展干样水浸出物50.4%，咖啡碱2.3%，茶多酚29.1%，氨基酸1.5%，酚氨比19.8。

大理茶

第二章 我国代表性野生茶树图谱

帕真大茶树2号

Camellia taliensis 'Pazhen Dachashu 2'

基本信息

品种类型：野生近缘种
原产地：云南省西双版纳傣族自治州勐海县
保存地：云南省勐海县
观测地点：云南省勐海县

植物学特征和生物学特性

树体：乔木，树姿直立，树高24.9 m，树幅4.7 m×4.2 m，基部干径0.9 m，最低分枝高0.6 m，分枝稀。

新梢：一芽一叶期2月中旬，一芽二叶期2月下旬，芽叶绿色、无茸毛，一芽三叶长8.2 cm，一芽三叶百芽重110.5 g。

叶片：叶片着生稍上斜，叶长12.4 cm，叶宽5.2 cm，叶面积45.1 cm^2，大叶，呈椭圆形；叶脉8~13对，叶色深绿，叶面平，叶身内折，叶质中；叶齿锐度钝、密度中、深度浅，叶基楔形，叶尖渐尖，叶缘平。

花：盛花期10月上旬，萼片5（6）枚、绿色、无茸毛；花冠直径7.3 cm，花瓣9~12枚、白色、质地厚；子房5室、有茸毛，花柱长1.5 cm，花柱先端5裂，裂位浅，雌雄蕊等高。

果实与种子：果实梅花形，果径2.7 cm，鲜果皮厚4.2 mm；种子球形，种径1.8 cm，种皮棕色。

邦崴大茶树1号

Camellia taliensis 'Bangwai Dachashu 1'

基本信息

品种类型：野生近缘种

原产地：云南省澜沧拉祜族自治县

保存地：云南省澜沧拉祜族自治县

观测地点：云南省澜沧拉祜族自治县

植物学特征和生物学特性

树体：小乔木，树姿半开张，树高11.8 m，树幅9.0 m×8.2 m，基部干径1.1 m，最低分枝高0.7 m，分枝密。

新梢：一芽一叶期3月上旬，一芽二叶期3月中旬，芽叶黄绿带微紫色、无茸毛，一芽三叶长6.9 cm，一芽三叶百芽重102.5 g。

叶片：叶片着生稍上斜，叶长12.6 cm，叶宽5.1 cm，叶面积45.0 cm²，大叶，呈长椭圆形；叶脉12对，叶色深绿，叶面微隆起，叶身平，叶革质较硬；叶齿锐度钝、密度中、深度中，叶基楔形，叶尖渐尖，叶缘微波折。

花：盛花期10月中旬，萼片5枚、绿色、无茸毛；花冠直径4.9 cm，花瓣11枚、白色、质地薄；子房5室、有茸毛，花柱长1.8 cm，花柱先端5裂，裂位浅，雌蕊高。

果实与种子：果实三角状，果径3.8 cm，鲜果皮厚3 mm；种子球形，种径1.7 cm，种皮褐色。

品质性状

春茶一芽二叶初展干样水浸出物47.1%，咖啡碱3.6%，茶多酚29.4%，氨基酸2.1%，酚氨比14.0。

大理茶

第二章 我国代表性野生茶树图谱

邦马大雪山大茶树1号

Camellia taliensis 'Bangma Daxueshan Dachashu 1'

基本信息

品种类型：野生近缘种
原产地：云南省双江拉祜族佤族布朗族傣族自治县
保存地：云南双江大雪山自然保护区
观测地点：云南省双江拉祜族佤族布朗族傣族自治县

植物学特征和生物学特性

树体：乔木，树姿半开张，树高15.0 m，树幅14.2 m×11.1 m，基部干径1.0 m，最低分枝高0.7 m，分枝密度中。

新梢：一芽一叶期3月中旬，一芽二叶期3月下旬，芽叶绿色、无茸毛，一芽三叶长6.9 cm，一芽三叶百芽重111.1 g。

叶片：叶片着生稍上斜，叶长13.7 cm，叶宽6.3 cm，叶面积60.4 cm²，特大叶，呈椭圆形；叶脉9~10对，叶色绿，有光泽，叶面平，叶身平，叶革质较硬；叶齿锐度锐、密度密、深度浅，叶基楔形、紫红色，叶尖渐尖，叶缘平。

花：盛花期10月中旬，萼片5枚、绿色、无茸毛；花冠直径4.3 cm，花瓣白色、质地薄、无茸毛；子房5室、密披茸毛，花柱长0.7 cm，花柱先端5裂，雌蕊高。

品质性状

春茶一芽二叶初展干样水浸出物48.3%，咖啡碱3.6%，茶多酚29.6%，氨基酸4.4%，酚氨比6.7。

邦马大雪山大茶树2号

Camellia taliensis 'Bangma Daxueshan Dachashu 2'

基本信息

品种类型：野生近缘种
原产地：云南省双江拉祜族佤族布朗族傣族自治县
保存地：云南双江大雪山自然保护区
观测地点：云南省双江拉祜族佤族布朗族傣族自治县

植物学特征和生物学特性

树体：乔木，树姿半开张，树高25.0 m，树幅15.6 m×12.0 m，基部干径1.3 m，最低分枝高0.1 m，分枝密度中。

新梢：一芽一叶期3月上旬，一芽二叶期3月中旬，芽叶绿色、无茸毛，一芽三叶长6.4 cm，一芽三叶百芽重96.9 g。

叶片：叶片着生稍上斜，叶长12.9 cm，叶宽6.2 cm，叶面积56.0 cm²，大叶，呈椭圆形；叶脉9~10对，叶色绿，有光泽，叶面平，叶身内折，叶革质较硬；叶齿锐度锐、密度密、深度中，叶基楔形、紫红色，叶尖渐尖，叶缘波折。

花：盛花期10月中旬，萼片5枚、绿色、无茸毛；花冠直径4.4 cm，花瓣白色、质地薄、无茸毛；子房5室、密被茸毛，花柱长0.6 cm，花柱先端5裂，雌蕊高。

多依寨大茶树1号

Camellia taliensis'Duoyizhai Dachashu 1'

基本信息

品种类型：野生近缘种
原产地：云南省临沧市临翔区
保存地：云南省临沧市临翔区
观测地点：云南省临沧市

植物学特征和生物学特性

树体：乔木，树姿开张，树高4.2 m，树幅7.5 m×2.5 m，基部干径0.5 m，最低分枝高0.2 m，分枝稀。

新梢：一芽一叶期3月上旬，一芽二叶期3月中旬，芽叶绿色、无茸毛，一芽三叶长7.0 cm，一芽三叶百芽重102.5 g。

叶片：叶片着生稍上斜，叶长16.7 cm，叶宽9.5 cm，叶面积111.1 cm^2，特大叶，呈卵圆形；叶脉12对，叶色深绿，叶面平，叶身内折，叶革质；叶齿锐度钝、密度中、深度浅，叶基楔形，叶尖渐尖，叶缘平。

花：盛花期10月下旬，萼片5枚、绿色、无茸毛；花冠直径4.8 cm，花瓣11枚、微绿色、质地中、无茸毛；子房5室、有茸毛，花柱长1.7 cm，花柱先端5裂，裂位中，雌蕊高。

大理茶

第二章 我国代表性野生茶树图谱

多依寨大茶树2号

Camellia taliensis 'Duoyizhai Dachashu 2'

基本信息

品种类型：野生近缘种
原产地：云南省临沧市临翔区
保存地：云南省临沧市临翔区
观测地点：云南省临沧市

植物学特征和生物学特性

树体：乔木，树姿直立，树高5.0 m，树幅2.1 m×3.5 m，基部干径0.3 m，最低分枝高0.4 m，分枝稀。

新梢：一芽一叶期3月中旬，一芽二叶期3月下旬，芽叶绿色、无茸毛，一芽三叶长5.8 cm，一芽三叶百芽重88.1 g。

叶片：叶片着生稍上斜，叶长12.5 cm，叶宽6.8 cm，叶面积59.5 cm^2，大叶，呈卵圆形；叶脉9对，叶色深绿，叶面平，叶身平，叶质硬；叶齿锐度钝、密度中、深度浅，叶基楔形，叶尖急尖，叶缘平。

花：盛花期10月下旬，萼片5枚、绿色、无茸毛；花冠直径5.1 cm，花瓣11枚、微绿色、无茸毛、质地中；子房5室、有茸毛，花柱长1.5 cm，花柱先端5裂，裂位中，雌蕊高。

黑条子茶

Camellia taliensis 'Heitiaozi Cha'

基本信息

品种类型：野生近缘种
原产地：云南省临沧市云县
保存地：云南省云县澜沧江自然保护区
观测地点：云南省云县

植物学特征和生物学特性

树体：乔木，树姿直立，树高11.9 m，树幅7.9 m×7.4 m，基部干径0.8 m，最低分枝高0.5 m，分枝稀。

新梢：一芽一叶期3月中旬，一芽二叶期3月下旬，芽叶绿色、有茸毛，一芽三叶长8.1 cm，一芽三叶百芽重121.0 g。

叶片：叶片着生稍上斜，叶长14.1 cm，叶宽5.4 cm，叶面积53.3 cm^2，大叶，呈长椭圆形；叶脉8~10对，叶色深绿，叶面微隆起，叶身内折，叶质硬；叶齿锐度钝、密度稀、深度浅，叶基楔形，叶尖渐尖，叶缘平。

花：盛花期10月中旬，萼片5枚、绿色、无茸毛；花冠直径3.6 cm，花瓣7枚、白色、质地中；子房3室、有茸毛，花柱长1.1 cm，花柱先端3裂，雌蕊高。

果实与种子：果实球形，果径3.5 cm；种子球形，种径1.7 cm，种皮棕褐色。

本山茶

Camellia taliensis 'Benshan Cha'

基本信息

品种类型：野生近缘种
原产地：云南省临沧市云县
保存地：云南省云县澜沧江自然保护区
观测地点：云南省云县

植物学特征和生物学特性

树体：乔木，树姿直立，树高9.3 m，树幅13.7 m×7.6 m，基部干径0.6 m，最低分枝高0.6 m，分枝稀。

新梢：一芽一叶期3月下旬，一芽二叶期3月底或4月初，芽叶绿色、无茸毛，一芽三叶长8.1 cm，一芽三叶百芽重113.3 g。

叶片：叶片着生稍上斜，叶长12.8 cm，叶宽4.7 cm，叶面积42.1 cm^2，大叶，呈长椭圆形；叶脉8~11对，叶色深绿，叶面微隆起，叶身内折，叶革质硬度中；叶齿锐度钝、密度稀、深度浅，叶基楔形，叶尖渐尖，叶缘平。

花：盛花期10月中旬，萼片5枚、绿色、无茸毛；花冠直径5.6 cm，花瓣11~13枚、白色、质地厚；子房5室、有茸毛，花柱长1.6 cm，花柱先端5裂，裂位中，雌蕊高。

果实与种子：果实球形或三角形，果径3.5 cm，鲜果皮厚3.4 mm；种子球形，种径1.7 cm，种皮棕褐色。

大理茶

第二章 我国代表性野生茶树图谱

香竹箐大茶树（锦绣茶尊）

Camellia taliensis 'Xiangzhuqing Dachashu'

基本信息

品种类型：野生近缘种
原产地：云南省临沧市凤庆县
保存地：云南省凤庆县
观测地点：云南省凤庆县

植物学特征和生物学特性

树体：小乔木，树姿半开张，树高10.6 m、树幅10.0 m×9.3 m，基部干径1.9 m，最低分枝高0.4 m，无明显主干，基部形成12个分枝，分枝密。

新梢：一芽一叶期3月上旬，一芽二叶期3月中旬，芽叶黄绿色、无茸毛，一芽三叶长8.2 cm，一芽三叶百芽重85.2 g。

叶片：叶片着生稍上斜，叶长10.4 cm，叶宽4.2 cm，叶面积30.6 cm^2，中叶，呈椭圆形；叶脉7～8对，叶色黄绿，叶面微隆起，叶身平，叶革质较硬；叶齿锐度锐、密度中、深度深，叶基楔形，叶尖急尖，叶缘微波折。

花：盛花期10月下旬，萼片5枚、绿色、无茸毛，花柄无茸毛；花冠直径4.7 m，花瓣6枚、白色、无茸毛、质地厚；子房5室、有茸毛，花柱长1.4 cm，花柱先端5裂，裂位浅，雌蕊高。

果实与种子：果实球形，果径3.8 cm，鲜果皮厚2.0 mm；种子球形，种径1.6 cm，种皮棕褐色，种子百粒重161.5 g。

品质性状

春茶一芽二叶初展干样水浸出物52.2%，咖啡碱2.8%，茶多酚23.5%，氨基酸1.6%，酚氨比14.6。

儿茶素总量133.35 mg/g，其中EGCG 40.79 mg/g，GCG 40.90 mg/g，EGC 17.84 mg/g，ECG 20.29 mg/g，EC 11.49 mg/g，GC 2.04 mg/g。

大理茶

第二章 我国代表性野生茶树图谱

83

小古德大茶树1号

Camellia taliensis 'Xiaogude Dachashu 1'

基本信息

品种类型：野生近缘种

原产地：云南省大理白族自治州南涧彝族自治县

保存地：云南省南涧彝族自治县

观测地点：云南省南涧彝族自治县

植物学特征和生物学特性

树体：乔木，树姿半开张，树高10.8 m，树幅10.4 m×9.4 m，基部干径0.6 m，最低分枝高0.1 m，分枝密。

新梢：一芽一叶期3月中旬，一芽二叶期3月下旬，芽叶绿色、茸毛少，一芽三叶长6.9 cm，一芽三叶百芽重106.1 g。

叶片：叶片着生稍上斜，叶长12.2 cm，叶宽4.5 cm，叶面积38.4 cm^2，中叶，呈长椭圆形；叶脉12~14对，叶色深绿，叶面微隆起，叶身内折，叶革质硬度中；叶齿锐度稀、密度中、深度浅，叶基楔形，叶尖渐尖，叶缘微波折。

花：盛花期11月上旬，萼片5枚、绿色、无茸毛，花梗无茸毛；花冠直径4.6 cm，花瓣6~8枚、白色、无茸毛、质地中；子房5（4）室、有茸毛，花柱长1.1~1.4 cm，花柱先端5（4）裂，裂位浅，雌蕊低。

果实与种子：果实圆形，果径3.4 cm，干果皮厚1.5 mm；种子球形，种径1.7 cm，种皮光滑、棕褐色，种子百粒重170.0 g。

品质性状

春茶一芽二叶初展干样水浸出物42.6%，咖啡碱2.5%，茶多酚22.1%，氨基酸3.2%，酚氨比6.8。

小古德大茶树2号

Camellia taliensis 'Xiaogude Dachashu 2'

基本信息

品种类型：野生近缘种
原产地：云南省大理白族自治州南涧彝族自治县
保存地：云南省南涧彝族自治县
观测地点：云南省南涧彝族自治县

植物学特征和生物学特性

树体：乔木，树姿半开张，树高7.8 m，树幅5.3 m×5.5 m，基部干径0.4 m，最低分枝高1.7 m，分枝密。

新梢：一芽一叶期3月中旬，一芽二叶期3月下旬，芽叶绿色、茸毛少，一芽三叶长6.1 cm，一芽三叶百芽重93.6 g。

叶片：叶片着生稍上斜，叶长13.3 cm，叶宽4.4 cm，叶面积41.0 cm^2，大叶，呈披针形；叶脉12~14对，叶色深绿，有光泽，叶面平，叶身平，叶革质硬度中；叶齿锐度锐、密度中、深度浅，叶基楔形，叶尖渐尖，叶缘微波折。

花：盛花期11月上旬，萼片5枚、绿色、无茸毛，花梗无茸毛；花冠直径4.2 cm，花瓣5~7枚、白显绿、无茸毛、质地薄；子房5（4）室、有茸毛，花柱长1.3 cm，花柱先端4（5）裂，裂位浅，雌蕊高。

果实与种子：果实球形，果径3.1 cm，干果皮厚10.0 mm；种子球形，种径1.6 cm，种皮光滑、棕褐色，种子百粒重153.4 g。

品质性状

春茶一芽二叶初展干样水浸出物47.5%，咖啡碱3.1%，氨基酸3.6%。

大理茶

第二章 我国代表性野生茶树图谱

大核桃箐大茶树1号

Camellia taliensis 'Dahetaoqing Dachashu 1'

基本信息

品种类型：野生近缘种

原产地：云南省大理白族自治州弥渡县

保存地：云南省弥渡县

观测地点：云南省弥渡县

植物学特征和生物学特性

树体：乔木，树姿直立，树高9.6 m，树幅7.0 m×4.9 m，基部干径0.8 m，最低分枝高0.5 m，分枝密度中。

新梢：一芽一叶期3月中旬，一芽二叶期3月下旬，芽叶黄绿色、茸毛少，一芽三叶长7.2 cm，一芽三叶百芽重85.3 g。

叶片：叶片着生稍上斜，叶长11.9 cm，叶宽4.8 cm，叶面积40.5 cm^2，大叶，呈长椭圆形；叶脉6~13对，叶色深绿，叶面微隆起，叶身内折，叶革质较硬；叶齿锐度钝、密度中、深度浅，叶基近圆形，叶尖圆尖，叶缘平。

花：盛花期10月下旬，萼片5枚、绿色、无茸毛；花冠直径5.1 cm，花瓣10~12枚、白色、质地厚；子房5室、有茸毛，花柱长1.9 cm，花柱先端5裂，裂位浅，雌蕊高。

大核桃箐茶后

Camellia taliensis 'Dahetaoqing Chahou'

基本信息

品种类型：野生近缘种

原产地：云南省大理白族自治州弥渡县

保存地：云南省弥渡县

观测地点：云南省弥渡县

植物学特征和生物学特性

树体：乔木，树姿直立，树高5.4 m，树幅3.7 m×3.6 m，基部干径0.5 m，最低分枝高0.7 m，分枝稀。

新梢：一芽一叶期3月中旬，一芽二叶期3月下旬，芽叶黄绿色、茸毛少，一芽三叶长6.1 cm，一芽三叶百芽重92.5 g。

叶片：叶片着生稍上斜，叶长11.8 cm，叶宽5.2 cm，叶面积43.0 cm^2，大叶，呈椭圆形；叶脉7~9对，叶色深绿，叶面微隆起，叶身内折，叶革质较硬；叶齿锐度中、密度稀、深度浅，叶基楔形，叶尖渐尖，叶缘波折。

花：盛花期10月下旬，萼片5枚、绿色、无茸毛；花冠直径5.2 cm，花瓣10~11枚、白色、质地厚；子房5室、有茸毛，花柱长2.0 cm，花柱先端5裂，裂位浅，雌蕊高。

感通寺大茶树

Camellia taliensis 'Gantongsi Dachashu'

基本信息

品种类型：野生近缘种
原产地：云南省大理白族自治州大理市
保存地：国家大叶茶树种质资源圃（勐海）
观测地点：云南省勐海县

植物学特征和生物学特性

树体：乔木，分枝稀。

新梢：一芽一叶期2月上旬，一芽二叶期2月中旬，芽叶黄绿色、茸毛少，一芽三叶长9.1 cm，一芽三叶百芽重116.8 g。

叶片：叶片着生水平，叶长14.0 cm，叶宽5.9 cm，叶面积57.3 cm^2，大叶，呈椭圆形；叶脉8~12对，叶色深绿，叶面平，叶身内折，叶革质较硬；叶齿锐度中、密度稀、深度浅，叶基楔形，叶尖渐尖，叶缘平。

花：盛花期8月下旬，萼片5枚、绿色、有茸毛；花冠直径4.1 cm，花瓣6~10枚、白色、质地中；子房5室、有茸毛，花柱长1.3 cm，花柱先端3裂，裂位浅，雌蕊低。

果实与种子：果实肾形，果径3.8 cm×2.1 cm，鲜果皮厚1.0 mm；种子球形，种径1.55 cm×1.75 cm，种皮褐色，种子百粒重119.1 g。

品质性状

适制绿茶。绿茶香气80分，香气浓厚；绿茶滋味76分，滋味浓厚。
兼制红茶。红茶香气85分，香气尚高；红茶滋味86分，滋味较浓爽。
春茶一芽二叶初展干样水浸出物47.8%，咖啡碱4.7%，茶多酚31.7%，氨基酸2.9%，酚氨比10.9。

大理茶

第二章 我国代表性野生茶树图谱

石佛山大茶树

Camellia taliensis 'Shifoshan Dachashu'

基本信息

品种类型：野生近缘种
原产地：云南省保山市昌宁县
保存地：国家大叶茶树种质资源圃（勐海）
观测地点：云南省勐海县

植物学特征和生物学特性

树体：小乔木，树姿半开张，分枝稀。
新梢：一芽一叶期3月中旬，一芽二叶期3月下旬，芽叶绿色、茸毛少，一芽三叶长9.2 cm，一芽三叶百芽重105.2 g。
叶片：叶片着生稍上斜，叶长14.0 cm，叶宽5.9 cm，叶面积35.8 cm^2，中叶，呈椭圆形；叶脉8~12对，叶色深绿，叶面微隆起，叶身内折，叶质硬；叶齿锐度中、密度中、深度浅，叶基楔形，叶尖渐尖，叶缘微波折。
花：盛花期9月下旬，萼片5枚、绿色、无茸毛；花冠直径5.2 cm，花瓣9枚、白色、质地薄；子房5室、有茸毛，花柱长1.8 cm，花柱先端3裂，裂位中，雌蕊高。

品质性状

适制红茶。红茶总分92.9分，红茶香气91分，香气高；红茶滋味94分，浓强鲜。
春茶一芽二叶初展干样水浸出物40.4%，咖啡碱3.6%，茶多酚25.6%，氨基酸1.3%，酚氨比20.2。

大理茶

第二章 我国代表性野生茶树图谱

荷花村山茶

Camellia taliensis 'Hehuacun Shancha'

基本信息

品种类型：野生近缘种
原产地：云南省德宏傣族景颇族自治州梁河县
保存地：国家大叶茶树种质资源圃（勐海）
观测地点：云南省勐海县

植物学特征和生物学特性

树体：小乔木，树姿开张，分枝稀。

新梢：一芽一叶期2月下旬，一芽二叶期3月上旬，芽叶黄绿色，芽叶茸毛多，一芽三叶长8.6 cm，一芽三叶百芽重101.8 g。

叶片：叶片着生上斜，叶长13.7 cm，叶宽5.8 cm，叶面积55.6 cm^2，大叶，呈长椭圆形，叶脉14对；叶色深绿，叶面平，叶身内折，叶质中；叶齿锐度钝、密度中、深度中，叶基楔形，叶尖渐尖，叶缘平。

花：盛花期10月上旬，萼片5枚、绿色、有茸毛；花冠直径4.5 cm，花瓣8枚、白色、质地中；子房3室、有茸毛，花柱长1.3 cm，花柱先端3裂，裂位浅，雌雄蕊等高。

果实与种子：果实肾形或三角形，果径2.4 cm×2.0 cm，鲜果皮厚1.0 mm；种子球形，种径1.5 cm×1.7 cm，种皮褐色，种子百粒重86.0 g。

品质性状

适制绿茶，兼制红茶。红茶总分89.9分，红茶香气89.3分，香气高；红茶滋味90分，滋味浓鲜。

春茶一芽二叶初展干样水浸出物48.0%，咖啡碱4.7%，茶多酚34.5%，氨基酸3.6%，酚氨比9.5。

大理茶

第二章 我国代表性野生茶树图谱

瑞丽野茶

Camellia taliensis 'Ruili Yecha'

基本信息

品种类型：野生近缘种
原产地：云南省瑞丽市
保存地：国家大叶茶树种质资源圃（勐海）
观测地点：云南省勐海县

植物学特征和生物学特性

树体：乔木，树姿半开张，分枝稀。
新梢：一芽一叶期2月中旬，一芽二叶期2月下旬，芽叶紫绿色，茸毛少，一芽三叶长9.3 cm，一芽三叶百芽重123.4 g。
叶片：叶片着生下垂，叶长14.2 cm，叶宽6.0 cm，叶面积59.7 cm^2，大叶，呈椭圆形；叶脉13对，叶色深绿，叶面隆起，叶身内折，叶革质较硬；叶齿锐度中、密度中、深度浅，叶基楔形，叶尖急尖，叶缘波折。
花：盛花期10月上旬，萼片5～6枚、绿色、有茸毛；花冠直径4.9 cm×4.6 cm，花瓣6～11枚、白色、质地中；子房3室、有茸毛，花柱长1.3 cm，花柱先端4裂，裂位浅，雌雄蕊等高。
果实与种子：果实三角形，果径3.9 cm×4.2 cm，干果皮厚1.2 mm；种子半球形，种径2.0 cm×1.9 cm，种皮棕褐色，种子百粒重269.8 g。

品质性状

春茶一芽二叶初展干样水浸出物51.2%，咖啡碱3.4%，茶多酚38.4%，氨基酸3.2%，酚氨比12.2。

抗性性状

耐寒性较强。

大理茶

第二章 我国代表性野生茶树图谱

99

景坎野茶

Camellia taliensis 'Jingkan Yecha'

基本信息

品种类型：野生近缘种

原产地：云南省德宏傣族景颇族自治州陇川县

保存地：国家大叶茶树种质资源圃（勐海）

观测地点：云南省勐海县

植物学特征和生物学特性

树体：乔木，树姿半开张，分枝稀。

新梢：一芽一叶期2月下旬，一芽二叶期3月上旬，芽叶紫绿色、茸毛少，一芽三叶长8.9 cm，一芽三叶百芽重111.4 g。

叶片：叶片着生上斜，叶长10.9 cm，叶宽4.7 cm，叶面积36.2 cm^2，中叶，呈椭圆形；叶脉8~14对，叶色绿，叶面隆起，叶身内折，叶质中；叶齿锐度锐、密度稀、深度浅，叶基楔形，叶尖渐尖，叶缘平。

品质性状

春茶一芽二叶初展干样水浸出物45.1%，咖啡碱2.9%，茶多酚25.7%，氨基酸6.5%，酚氨比4.0。

抗性性状

耐寒性较强。

大理茶

第二章 我国代表性野生茶树图谱

核桃寨大茶树1号

Camellia taliensis 'Hetaozhai Dachashu 1'

基本信息

品种类型：野生近缘种
原产地：云南省文山壮族苗族自治州文山市
保存地：云南省文山市
观测地点：云南省文山市

植物学特征和生物学特性

树体：小乔木，树姿开张，树高3.1 m，树幅2.7 m×2.4 m，基部干径0.4 m，分枝稀。

新梢：一芽一叶期3月中旬，一芽二叶期3月下旬，芽叶紫绿色、茸毛中，一芽三叶长6.4 cm，一芽三叶百芽重108.4 g。

叶片：叶片着生下垂，叶长16.7 cm，叶宽6.5 cm，叶面积76.0 cm^2，特大叶，呈长椭圆形；叶脉10对，叶色深绿，叶面隆起，叶身内折，叶质硬；叶齿锐度钝、密度密、深度浅，叶基楔形，叶尖渐尖，叶缘波折。

花：盛花期10月中旬，萼片5枚、绿色、无茸毛；花冠直径7.4 cm，花瓣12瓣（4瓣退化）、白色、质地中；子房5室、有茸毛，花柱长1.4 cm，花柱先端5深裂，裂位深，雌蕊高。

果实与种子：果实球形，果径4.6 cm，鲜果皮厚1.5 cm；种子似肾形，种径1.9 cm，种皮棕色。

大理茶

第二章 我国代表性野生茶树图谱

核桃寨大茶树2号

Camellia taliensis 'Hetaozhai Dachashu 2'

基本信息

品种类型：野生近缘种

原产地：云南省文山壮族苗族自治州文山市

保存地：云南省文山市

观测地点：云南省文山市

植物学特征和生物学特性

树体：小乔木，树姿开张，树高3.0 m，树幅3.1 m×2.4 m，基部干径0.3 m，分枝中。

新梢：一芽一叶期3月中旬，一芽二叶期3月下旬，芽叶紫绿色、茸毛多，一芽三叶长7.5 cm，一芽三叶百芽重107.1 g。

叶片：叶片着生上斜，叶长15.4 cm，叶宽4.4 cm，叶面积47.4 cm^2，中叶，呈披针形；叶脉9对，叶色绿，叶面微隆起，叶身内折，叶质硬；叶齿锐度钝、密度密、深度浅，叶基楔形，叶尖渐尖，叶缘波折。

花：盛花期10月中旬，萼片5枚、绿色、无茸毛；花冠直径7.2 cm，花瓣10枚、白色、质地厚；子房5室、有茸毛，花柱长1.3 cm，花柱先端5裂，裂位中，雌蕊高。

果实与种子：果实球形，果径4.1 cm，鲜果皮厚3.7 mm；种子不规则形，种径1.4 cm，种皮棕褐色。

大理茶

第二章 我国代表性野生茶树图谱

第三节　厚轴茶

厚轴茶（*Camellia crassicolumna* Chang）是以采自云南西畴的野生茶树为模式标本命名的新种（张宏达，1981）。皱叶茶（*C. crispula*）、老黑茶（*C. atrothea*）、马关茶（*C. makuanica*）、圆基茶（*C. rotundata*）、紫果茶（*C. purpurea*）等作为同种异名被归并入本种（闵天禄，2000）。Jiang et al.（2023）在重新检视厚轴茶的模式标本后，发现在子房茸毛特征上原文献描述与标本实物不符，认为厚轴茶应该降级为广南茶的变种（*C. kwangsiensis* var. *kwangnanica*），建议恢复皱叶茶（*C. crispula*）作为物种的地位，并重新指定了模式标本。本种主要分布在哀牢山以东云南东南部的文山、马关、西畴、麻栗坡、广南、屏边、元阳以及广西百色等地。

厚轴茶为小乔木或乔木，幼嫩枝无毛，顶芽披灰白色柔毛；叶厚革质，椭圆形或长椭圆形，叶尖急尖或尾尖，叶基楔形或阔楔形，叶面微隆起，叶缘有粗浅锯齿，叶色深绿；花单生或2~3朵腋生，花冠大，萼片外侧被茸毛，花瓣白色，9~12枚，外轮花瓣近革质；雄蕊无毛；子房密被茸毛，5（4）室，花柱有灰白色柔毛，柱头5（4）裂；蒴果圆球形或梅花形，4~5室，每室有种子1~2粒，果皮厚5~12 mm，中轴粗大；种子球形或锥形，种皮粗糙，棕褐色。本种叶片形状和子房特征与大理茶比较相似，区别在于其顶芽、萼片、花柱等均密被茸毛，萼片较大，果皮特厚，中轴粗大；在分布上以哀牢山为界呈东西对应（闵天禄，2000）。

厚轴茶不同种质资源的品质化学成分遗传变异明显。对21份野生厚轴茶资源的测定表明（宁功伟 等，2023），茶多酚含量平均为20.24%（15.45%~23.25%），氨基酸含量平均为2.65%（1.87%~4.34%），咖啡碱含量平均为3.00%（0.03%~3.00%），水浸出物平均为42.9%（39.22%~47.42%），儿茶素平均为14.69%（9.83%~23.69%）。儿茶素单体的含量为EGC>EGCG>ECG>C>EC，非酯型儿茶素含量平均为6.06%（1.67%~10.56%），酯型儿茶素平均含量2.57%（1.48%~7.70%）。

厚轴茶咖啡碱含量低，是培育低（无）咖啡碱茶树品种的重要亲本。唐一春等（2010）对保存于国家茶树种质勐海分圃100份茶树资源进行鉴定评价，筛选出2份咖啡碱含量分别为0.07%、0.06%的低咖啡碱种质，均为厚轴茶，其鲜叶加工的绿茶品质正常，可直接利用或作为低咖啡碱茶树杂交育种的优良亲本。宁功伟等（2023）从21份厚轴茶种质中鉴定出咖啡碱含量<0.5%的特异资源18份。与栽培品种相比，厚轴茶的生物碱、氨基酸总量均偏低，可可碱含量高于咖啡碱，转录组分析表明咖啡碱合成酶基因表达受到抑制（Zhu et al.，2019），是研究生物碱合成代谢机制的重要材料。

法古大茶树1号

Camellia crassicolumna 'Fagu Dachashu 1'

基本信息

品种类型：野生近缘种

原产地：云南省文山壮族苗族自治州西畴县

保存地：云南省西畴县

观测地点：云南省西畴县

植物学特征和生物学特性

树体：小乔木，树姿半开张，树高8.6 m，树幅7.2 m×5.2 m，基部干径0.5 m，最低分枝高0.4 m，分枝稀。

新梢：一芽一叶期3月上旬，一芽二叶期3月中旬，芽叶黄绿色、茸毛特多，一芽三叶长9.8 cm，一芽三叶百芽重121.9 g。

叶片：叶片着生稍上斜，叶长18.2 cm，叶宽5.7 cm，叶面积72.6 cm^2，特大叶，呈披针形；叶脉11~16对，叶色深绿，叶面隆起，叶身内折，叶质中；叶齿锐度锐、密度中、深度中，叶基楔形，叶尖急尖，叶缘微波折。

花：盛花期11月上旬，萼片5枚、绿色、有茸毛；花冠直径4.8 cm，花瓣8~9枚、白色、质地厚；子房4（3）室、有茸毛，花柱长1.7 cm，花柱先端4（3）裂，裂位中，雌雄蕊等高。

厚轴茶

第二章 我国代表性野生茶树图谱

法古大茶树2号

Camellia crassicolumna 'Fagu Dachashu 2'

基本信息

品种类型：野生近缘种
原产地：云南省文山壮族苗族自治州西畴县
保存地：云南省西畴县国家级自然保护区
观测地点：云南省西畴县

植物学特征和生物学特性

树体：小乔木，树姿直立，树高6.9 m，树幅3.5 m×6.8 m，基部干径0.2 m，最低分枝高0.1 m，分枝稀。

新梢：一芽一叶期3月中旬，一芽二叶期3月下旬，芽叶黄绿色、茸毛特多，一芽三叶长8.7 cm，一芽三叶百芽重108.9 g。

叶片：叶片着生稍上斜，叶长14.2 cm，叶宽5.5 cm，叶面积54.7 cm^2，大叶，呈长椭圆形；叶脉12~15对，叶色深绿，叶面隆起，叶身内折，叶质中；叶齿锐度锐、密度中、深度中，叶基楔形，叶尖急尖，叶缘微波折。

花：盛花期11月上旬，萼片5枚、绿色、有茸毛；花冠直径6.4 cm，花瓣9~12枚、白色、质地厚；子房6室、有茸毛，花柱长2.2 cm，花柱先端6裂，裂位中，雌雄蕊等高。

厚轴茶

第二章 我国代表性野生茶树图谱

老君山大茶树1号

Camellia crassicolumna 'Laojunshan Dachashu 1'

基本信息

品种类型：野生近缘种
原产地：云南省文山壮族苗族自治州文山市
保存地：云南省文山市老君山国家级自然保护区
观测地点：云南省文山市

植物学特征和生物学特性

树体：乔木，树姿直立，树高15.3 m，树幅7.6 m×6.3 m，基部干径0.6 m，最低分枝高1.2 m，分枝稀。

新梢：一芽一叶期3月中旬，一芽二叶期3月下旬，芽叶紫绿色、茸毛中，一芽三叶长8.3 cm，一芽三叶百芽重89.2 g。

叶片：叶片着生稍上斜，叶长11.0 cm，叶宽5.2 cm，叶面积40.0 cm^2，大叶，呈椭圆形；叶脉8对，叶色深绿，叶面微隆起，叶身内折，叶质中；叶齿锐度钝、密度中、深度浅，叶基楔形，叶尖急尖，叶缘微波折。

花：盛花期10月下旬，萼片5枚、绿色、无茸毛；花冠直径6.7 cm，花瓣11枚、白色、质地中；子房5室、有茸毛，花柱长1.5 cm，花柱先端5裂，裂位中，雌蕊高。

厚轴茶

第二章　我国代表性野生茶树图谱

老君山大茶树2号

Camellia crassicolumna 'Laojunshan Dachashu 2'

基本信息

品种类型：野生近缘种
原产地：云南省文山壮族苗族自治州文山市
保存地：云南省文山市老君山国家级自然保护区
观测地点：云南省文山市

植物学特征和生物学特性

树体：乔木，树姿直立，树高18.8 m，树幅6.2 m×5.3 m，基部干径0.6 m，分枝中。

新梢：一芽一叶期3月中旬，一芽二叶期3月下旬，芽叶黄绿色、茸毛中，一芽三叶长7.5 cm，一芽三叶百芽重94.3 g。

叶片：叶片着生稍上斜，叶长11.6 cm，叶宽5.4 cm，叶面积43.8 cm^2，大叶，呈椭圆形；叶脉10对，叶色深绿，叶面微隆起，叶身内折，叶质中；叶齿锐度钝、密度中、深度浅，叶基楔形，叶尖急尖，叶缘微波折。

花：盛花期10月下旬，萼片5枚、绿色、无茸毛；花冠直径6.3 cm，花瓣11枚、白色、质地厚；子房5室、有茸毛，花柱长1.4 cm，花柱先端5裂，裂位中，雌蕊高于雄蕊。

果实与种子：果实梅花形，果径4.0 cm，鲜果皮厚1.1 cm；种子不规则形，种径1.1 cm，种皮褐色。

厚轴茶

第二章 我国代表性野生茶树图谱

新街大茶树1号

Camellia crassicolumna 'Xinjie Dachashu 1'

基本信息

品种类型：野生近缘种
原产地：云南省文山壮族苗族自治州文山市
保存地：云南省文山市
观测地点：云南省文山市

植物学特征和生物学特性

树体：小乔木，树姿直立，树高6.0 m，树幅3.4 m×3.0 m，基部干径0.3 m，最低分枝高0.2 m，分枝密度中。

新梢：一芽一叶期3月上旬，一芽二叶期3月中旬，芽叶紫绿色、茸毛多，一芽三叶长9.4 cm，一芽三叶百芽重121.1 g。

叶片：叶片着生上斜，叶长14.4 cm，叶宽6.7 cm，叶面积67.5 cm^2，特大叶，呈椭圆形；叶脉9~10对，叶色深绿，叶面隆起，叶身内折，叶质中；叶齿锐度钝、密度密、深度浅，叶基楔形，叶尖渐尖，叶缘波折。

花：盛花期10月中旬，萼片5枚、绿色、有茸毛；花冠直径5.8 cm，花瓣10枚、白色、质地中；子房4室、有茸毛，花柱长1.5 cm，花柱先端4裂，裂位浅，雌雄蕊等高。

品质性状

春茶一芽二叶初展干样水浸出物41.7%，咖啡碱0.0%，茶多酚23.3%，氨基酸2.3%，酚氨比10.4。

儿茶素总量68.10 mg/g，其中EGCG 12.40 mg/g，EGC 48.20 mg/g，ECG 4.20 mg/g，EC 3.30 mg/g。

厚轴茶

第二章 我国代表性野生茶树图谱

新街大茶树2号

Camellia crassicolumna 'Xinjie Dachashu 2'

基本信息

品种类型：野生近缘种
原产地：云南省文山壮族苗族自治州文山市
保存地：云南省文山市
观测地点：云南省文山市

植物学特征和生物学特性

树体：小乔木，树姿直立，树高4.1 m，树幅4.5 m×3.7 m，基部干径0.3 m，最低分枝高0.2 m，分枝密。

新梢：一芽一叶期3月上旬，一芽二叶期3月中旬，芽叶绿色、无茸毛，一芽三叶长8.6 cm，一芽三叶百芽重111.5 g。

叶片：叶片着生稍上斜，叶长15.0 cm，叶宽6.5 cm，叶面积68.3 cm^2，特大叶，呈椭圆形；叶脉7~9对，叶色深绿，叶面微隆起，叶身内折，叶质中；叶齿锐度钝、密度密、深度浅，叶基楔形，叶尖渐尖，叶缘微波折。

花：盛花期10月下旬，萼片5枚、绿色、有茸毛；花冠直径6.2 cm，花瓣10枚、白色、质地厚；子房5室、有茸毛，花柱长1.5 cm，花柱先端5裂，裂位深，雌蕊高。

厚轴茶

第二章 我国代表性野生茶树图谱

古林箐大茶树1号

Camellia crassicolumna 'Gulinqing Dachashu 1'

基本信息

品种类型：野生近缘种

原产地：云南省文山壮族苗族自治州马关县

保存地：云南省马关县

观测地点：云南省马关县

植物学特征和生物学特性

树体：小乔木，树姿直立，树高7.4 m，树幅9.2 m×8.4 m，基部干径1.5 m，分枝密。

新梢：一芽一叶期2月下旬，一芽二叶期3月上旬，芽叶紫红色、茸毛多，一芽三叶长8.5 cm，一芽三叶百芽重105.3 g。

叶片：叶片着生上斜，叶长14.2 cm，叶宽4.6 cm，叶面积45.7 cm^2，大叶，呈披针形；叶脉9~12对，叶色黄绿，叶面微隆起，叶身内折，叶质硬；叶齿锐度中、密度中、深度浅，叶基楔形，叶尖渐尖，叶缘微波折。

花：盛花期11月上旬，萼片5枚、绿色、无茸毛；花冠直径4.1 m，花瓣5~6枚、白色、质地薄；子房5室、有茸毛，花柱长1.5 cm，花柱先端5裂，裂位中，雌蕊高。

果实与种子：果实球形，果径4.5 cm，鲜果皮厚5.5 mm；种子半球形，种径1.7 cm，种皮褐色。

厚轴茶

第二章 我国代表性野生茶树图谱

古林箐大茶树2号

Camellia crassicolumna 'Gulinqing Dachashu 2'

基本信息

品种类型：野生近缘种
原产地：云南省文山壮族苗族自治州马关县
保存地：云南省马关县
观测地点：云南省马关县

植物学特征和生物学特性

树体：小乔木，树姿直立，树高7.9 m，树幅7.8 m×6.9 m，基部干径0.8 m，分枝密。

新梢：一芽一叶期2月下旬，一芽二叶期3月上旬，芽叶紫红色、茸毛多，一芽三叶长7.1 cm，一芽三叶百芽重98.3 g。

叶片：叶片着生稍上斜，叶长14.1 cm，叶宽4.6 cm，叶面积45.4 cm^2，大叶，呈披针形；叶脉9～13对，叶色黄绿，叶面微隆起，叶身内折，叶革质较硬；叶齿锐度中、密度中、深度浅，叶基楔形，叶尖渐尖，叶缘微波折。

花：盛花期11月上旬，萼片5枚、绿色、无茸毛；花冠直径5.0 cm，花瓣5枚、白色、质地薄；子房4室、有茸毛，花柱长1.6 cm，花柱先端4裂，裂位中，雌蕊高。

果实与种子：果实球形，果径4.2 cm，鲜果皮厚5.5 mm；种子半球形，种径1.8 cm，种皮褐色。

品质性状

春茶一芽二叶初展干样水浸出物41.7%，咖啡碱0.1%，茶多酚21.0%，氨基酸1.8%，酚氨比11.8。

儿茶素总量74.50 mg/g，其中EGCG 15.10 mg/g，EGC 52.10 mg/g，ECG 4.00 mg/g，EC 3.30 mg/g。

厚轴茶

第二章 我国代表性野生茶树图谱

古林箐大茶树3号

Camellia crassicolumna 'Gulinqing Dachashu 3'

基本信息

品种类型：野生近缘种

原产地：云南省文山壮族苗族自治州马关县

保存地：云南省马关县

观测地点：云南省马关县

植物学特征和生物学特性

树体：小乔木，树姿直立，树高7.3 m，树幅6.0 m×5.0 m，基部干径0.9 m，分枝密。

新梢：一芽一叶期2月下旬，一芽二叶期3月上旬，芽叶紫红色、茸毛多。一芽三叶长7.9 cm，一芽三叶百芽重115.8 g。

叶片：叶片着生稍上斜，叶长14.8 cm，叶宽5.0 cm，叶面积51.8 cm^2，大叶，呈披针形；叶脉9~13对，叶色黄绿，叶面微隆起，叶身内折，叶质硬；叶齿锐度钝、密度中、深度浅，叶基楔形，叶尖急尖，叶缘微波折。

花：盛花期11月上旬，萼片5枚、绿色、无茸毛；花冠直径5.0 cm，花瓣5枚、白色、质地薄；子房4室、有茸毛，花柱长1.6 cm，花柱先端4裂，裂位中，雌蕊高。

果实与种子：果实球形，果径4.2 cm，鲜果皮厚5.5 mm；种子半球形，种径2.0 cm，种皮褐色。

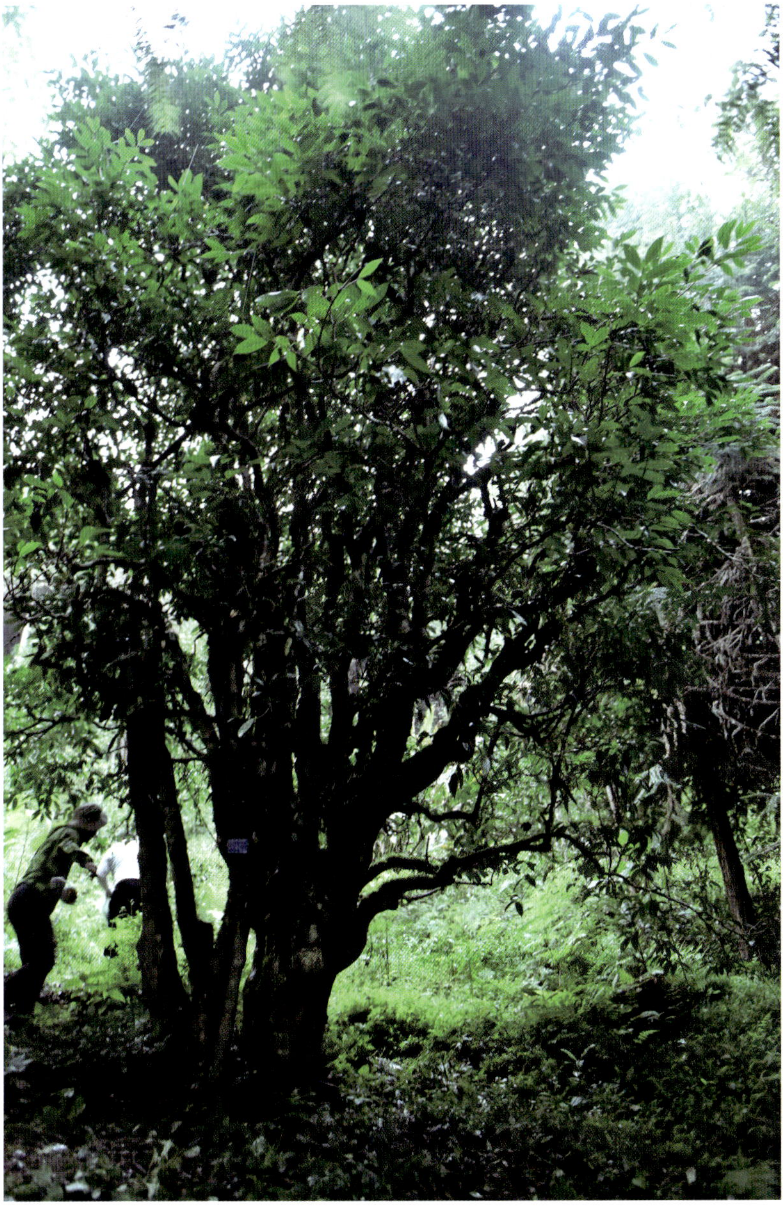

古林箐乡古树名木保护牌
树种名称：茶树
拉丁名：Camellia sinensis(L.)O.Ktze
树龄：大约1200年
编号：G-CY-Ⅲ-g003 保护级别：三级
管护责任单位：古野茶合作社
监管单位：古林箐乡林业站
古林箐乡人民政府
2017年2月

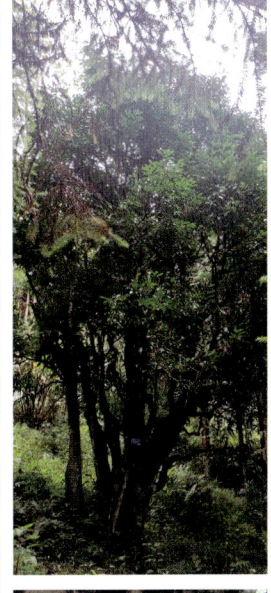

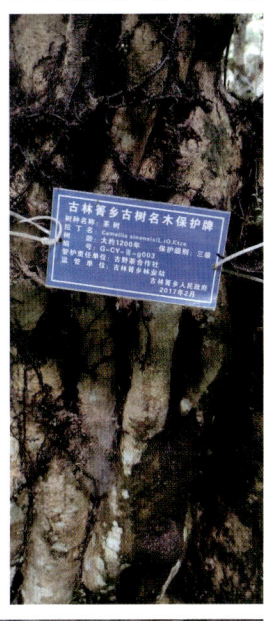

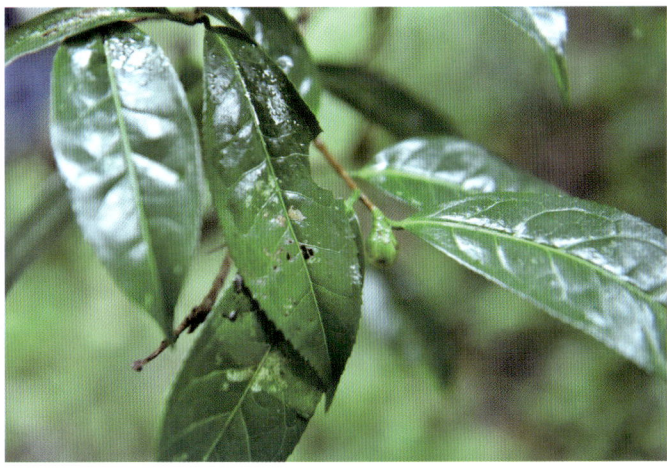

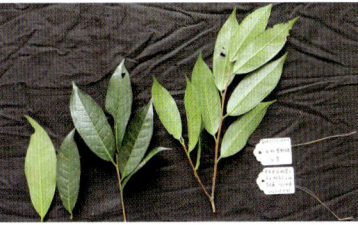

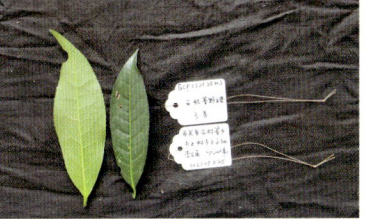

二台坡大茶树1号

Camellia crassicolumna 'Ertaipo Dachashu 1'

基本信息

品种类型：野生近缘种
原产地：云南省文山壮族苗族自治州马关县
保存地：云南省马关县
观测地点：云南省马关县

植物学特征和生物学特性

树体：小乔木，树姿直立，树高7.8 m，树幅6.1 m×5.4 m，基部干径0.6 m，分枝密度中。

新梢：一芽一叶期2月下旬，一芽二叶期3月上旬，芽叶紫绿色、茸毛少，一芽三叶长7.3 cm，一芽三叶百芽重115.8 g。

叶片：叶片着生稍上斜，叶长12.9 cm，叶宽5.2 cm，叶面积47.0 cm^2，大叶，呈椭圆形；叶脉8~12对，叶色深绿，叶面微隆起，叶身内折，叶革质较硬；叶齿锐度钝、密度中、深度浅，叶基楔形，叶尖渐尖，叶缘平。

花：盛花期10月上旬，萼片5枚、绿色、无茸毛；花冠直径6.6 cm，花瓣5枚、白色、质地薄；子房5室、有茸毛，花柱长1.6 cm，花柱先端5裂，裂位中，雌蕊高。

果实与种子：果实梅花形，果径5.5 cm，鲜果皮厚7 mm；种子半球形，种径1.8 cm，种皮褐色，种子百粒重185.9 g。

厚轴茶

第二章 我国代表性野生茶树图谱

大围山大茶树1号

Camellia crassicolumna 'Daweishan Dachashu 1'

基本信息

品种类型：野生近缘种
原产地：云南省红河哈尼族彝族自治州河口瑶族自治县
保存地：云南大围山国家级自然保护区
观测地点：云南省河口瑶族自治县

植物学特征和生物学特性

树体：乔木，树姿直立，树高23.4 m，树幅6.5 m×6.9 m，基部干径0.7 m，最低分枝高6.7 m，分枝稀。

新梢：一芽一叶期3月中旬，一芽二叶期3月下旬，芽叶绿色、无茸毛，一芽三叶长9.1 cm，一芽三叶百芽重113.6 g。

叶片：叶片着生稍上斜，叶长13.5 cm，叶宽5.1 cm，叶面积48.2 cm^2，大叶，呈长椭圆形；叶脉9~12对，叶色深绿，叶面微隆起，叶身内折，叶质中；叶齿锐度钝、密度稀、深度浅，叶基楔形，叶尖急尖，叶缘微波折。

花：盛花期11月上旬，萼片5枚、绿色、有茸毛；花冠直径5.9 cm×6.3 cm，花瓣12枚、白色、质地中；子房5室、有茸毛，花柱长1.5 cm，花柱先端5裂，裂位浅，雌蕊高。

果实与种子：果实梅花形，果径5.5 cm，鲜果皮厚15 mm；种子球形，种径1.5 cm，种皮棕褐色。

厚轴茶

第二章 我国代表性野生茶树图谱

大围山大茶树2号

Camellia crassicolumna 'Daweishan Dachashu 2'

基本信息

品种类型：野生近缘种
原产地：云南省红河哈尼族彝族自治州河口瑶族自治县
保存地：云南大围山国家级自然保护区
观测地点：云南省河口瑶族自治县

植物学特征和生物学特性

树体：乔木，树姿直立，树高27.5 m，树幅7.1 m×6.4 m，基部干径0.8 m，最低分枝高6.7 m，分枝稀。

新梢：一芽一叶期3月中旬，一芽二叶期3月下旬，芽叶紫绿色、无茸毛，一芽三叶长9.5 cm，一芽三叶百芽重124.7 g。

叶片：叶片着生稍上斜，叶长16.9 cm，叶宽7.1 cm，叶面积82.8 cm^2，特大叶，呈椭圆形；叶脉9~14对，叶色深绿，叶面隆起，叶身内折，叶质中；叶齿锐度中、密度中、深度中，叶基楔形，叶尖急尖，叶缘微波折。

花：盛花期10月下旬，萼片5枚、绿色、有茸毛；花冠直径6.1 cm×7.0 cm，花瓣12枚、白色、质地中；子房5室、有茸毛，花柱长1.6 cm，花柱先端5裂，裂位浅，雌蕊高。

果实与种子：果实梅花形，果径5.9 cm×6.1 cm，鲜果皮厚13 mm；种子球形，种径1.2 cm，种皮棕褐色。

第二章 我国代表性野生茶树图谱

厚轴茶

故支白大茶树1号

Camellia crassicolumna 'Guzhibai Dachashu 1'

基本信息

品种类型：野生近缘种

原产地：云南省红河哈尼族彝族自治州屏边苗族自治县

保存地：云南省屏边苗族自治县

观测地点：云南省屏边苗族自治县

植物学特征和生物学特性

树体：乔木，树姿半开张，树高5.8 m，树幅2.8×3.1 m，基部干径0.1 m，最低分枝高2.3 m，分枝稀。

新梢：一芽一叶期3月上旬，一芽二叶期3月中旬，芽叶绿色、茸毛少，一芽三叶长9.5 cm，一芽三叶百芽重128.7 g。

叶片：叶片着生稍向上，叶长18.7 cm，叶宽6.8 cm，叶面积89.0 cm^2，特大叶，呈长椭圆形；叶脉10~15对，叶色黄绿，叶面隆起，叶身内折，叶质中，叶背主脉无毛；叶齿锐度中、密度稀、深度浅，叶基楔形，叶尖急尖，叶缘微波折。

花：盛花期10月下旬，萼片无毛、长0.5 cm；花冠直径5.5 cm，花瓣12枚、白色、少毛、质地中；子房5室、有茸毛，花柱长1.6 cm，花柱先端5裂，裂位中。

果实与种子：果实扁球形，果径3.5 cm×3.2 cm，鲜果皮红紫色，鲜果皮厚4 mm；种子球形，种皮棕褐色，种径1.3 cm×1.2 cm，种子百粒重121.0 g。

厚轴茶

第二章 我国代表性野生茶树图谱

清水大茶

Camellia crassicolumna 'Qingshui Dacha'

基本信息

品种类型：野生近缘种

原产地：云南省楚雄彝族自治州楚雄市

保存地：国家大叶茶树种质资源圃（勐海）

观测地点：云南省勐海县

植物学特征和生物学特性

树体：乔木，树姿直立，分枝稀。

新梢：一芽一叶期3月初，一芽二叶期3月上旬，芽叶紫绿色、茸毛少，一芽三叶长6.7 cm，一芽三叶百芽重121.4 g。

叶片：叶片着生上斜，叶长12.9 cm，叶宽5.9 cm，叶面积53.4 cm^2，大叶，呈椭圆形；叶脉10~12对，叶色深绿，叶面平，叶身内折，叶质硬；叶齿锐度钝、密度稀、深度浅，叶基楔形，叶尖渐尖，叶缘平。

花：盛花期8月下旬，萼片5枚、绿色、无茸毛；花冠直径5.7 cm，花瓣9~11枚、白色、质地厚；子房5室、有茸毛，花柱长2.0 cm，花柱先端5裂，裂位浅，雌雄蕊等高。

厚轴茶

第二章 我国代表性野生茶树图谱

第四节 秃房茶

秃房茶（*Camellia gymnogyna* Chang）是以采集于广西百色等地的野生茶树为模式标本命名的新种（张宏达，1981）。突肋茶（*C.costata*）、榕江茶（*C.yungkiangensis*）、膜叶茶（*C.leptophylla*）、德宏茶（*C.dehungensis*）、南川茶（*C.nanchuanica*）等作为同种异名被归并入本种（陈亮 等，2000），其主要分布于云南东北部，广西西部，贵州西北部、南部和东南部，四川和重庆南部。

本种为乔木或小乔木，幼枝无毛，顶芽披柔毛；叶革质或薄革质，椭圆形或长椭圆形，叶尖骤尖或尾尖，叶基楔形或阔楔形，叶缘有疏锯齿，叶色深绿，叶背无毛，侧脉9~11对；叶柄长7~10 mm，无毛；花1~2朵腋生，白色，花梗长9~13 mm，无毛；萼片5枚，外面无毛；子房无毛，3室，花柱柱头3裂；果实蒴果，果径2~4 cm，3室，果皮厚3~7 mm；种子球形或近球形，种径1.5~2 cm，种皮栗褐色。

与栽培茶树（*C. sinensis*）相比，秃房茶品质化学成分的组成有其特异性。对来源于广西金秀大瑶山的秃房茶进行检测，发现其同时具有可可碱、咖啡碱和苦茶碱3种嘌呤生物碱组分，且可可碱含量最高（滕杰 等，2018）。从大瑶山秃房茶中鉴定了发现N-甲基转移酶$GCS1$和$GCS3$基因，其异源表达分别催化苦茶碱和可可碱（Zhou et al.，2022）的合成。秃房茶的茶多酚、黄酮、茶氨酸等其他品质成分的含量均低于栽培茶树。在相同叶位中，秃房茶儿茶素组分含量EGCG>C>ECG>EGC>EC>GC>CG>GCG，且儿茶素总量、酯型儿茶素含量均低于栽培茶树（滕杰 等，2018）。

都江2号

Camellia gymnogyna 'Dujiang 2'

基本信息

品种类型：野生近缘种
原产地：贵州省黔南布依族苗族自治州三都水族自治县
保存地：贵州大学茶树资源圃
观测地点：贵州省三都水族自治县

植物学特征和生物学特性

树体：乔木，树姿半开张。

新梢：一芽一叶期4月中旬，一芽二叶期4月下旬，芽叶黄绿色、无茸毛，一芽三叶长8.6 cm，一芽三叶百芽重80.5 g。

叶片：叶片着生上斜，叶长9.3 cm，叶宽4.3 cm，叶面积27.9 cm^2，中叶，呈椭圆形；叶脉7对，叶色深绿，叶面微隆，叶身平，叶片质地柔软；叶齿锐度中、密度稀、深度深，叶基楔形，叶尖急尖，叶缘微波折。

花：萼片5枚、绿色；花冠直径4.6 cm，花瓣7枚、白色；子房3室、无茸毛，花柱先端3裂，裂位深，雌蕊高。

果实与种子：果实三角形，果径2.6 cm，果皮厚度1.6 mm；种子扁球形或球形，种皮棕褐色。

品质性状

咖啡碱1.1%，茶多酚26.7%，氨基酸2.6%。

抗性性状

抗小绿叶蝉。

尧房茶

九阡1号

Camellia gymnogyna 'Jiuqian 1'

基本信息

品种类型：野生近缘种
原产地：贵州省黔南布依族苗族自治州三都水族自治县
保存地：贵州大学茶树资源圃
观测地点：贵州省三都水族自治县

植物学特征和生物学特性

树体：乔木，树姿半开张。

新梢：一芽一叶期4月中旬，一芽一叶期4月下旬，芽叶黄绿色、无茸毛，一芽三叶长8.4 cm，一芽三叶百芽重108.7 g。

叶片：叶片着生上斜，叶长9.2 cm，叶宽4.5 cm，叶面积28.9 cm^2，中叶，呈椭圆形；叶脉6对，叶色绿，叶面微隆起，叶身内折或稍背卷，叶片质地柔软；叶齿锐度钝、密度稀、深度浅，叶基楔形，叶尖急尖，叶缘波折。

花：萼片5枚、绿色；花冠直径4.1 cm，花瓣7枚、白色；子房3室、无茸毛，花柱先端3裂，裂位中，雌雄蕊近等高。

果实与种子：果实三角形或球形，果径2.6 cm，果皮厚度2.0 mm；种子扁球形或球形，种皮棕褐色。

品质性状

咖啡碱1.0%，茶多酚28.6%，氨基酸2.4%。

抗性性状

抗假眼小绿叶蝉病。

尧房茶

第二章 我国代表性野生茶树图谱

道真1号

Camellia gymnogyna 'Daozhen 1'

基本信息

品种类型：野生近缘种

原产地：贵州省遵义市道真仡佬族苗族自治县

保存地：贵州大学茶树资源圃

观测地点：贵州省三都县

植物学特征和生物学特性

树体：乔木，树姿半开张。

新梢：一芽一叶期3月下旬，一芽二叶期4月上旬，芽叶绿色、茸毛少。

叶片：叶片着生上斜，叶长11.9 cm，叶宽5.5 cm，叶面积45.8 cm^2，大叶，呈椭圆形；叶脉8对，叶色黄绿，叶面隆起，叶身内折或背卷，叶质软；叶齿锐度中、密度稀、深度深，叶基楔形，叶尖急尖，叶缘波折或微波折。

花：萼片5片、绿色；花冠直径4.0 cm，花瓣7枚、白色；子房3室、无茸毛；花柱先端3裂，裂位中，花瓣7片，白色，雌雄蕊近等高。

果实与种子：果实四角形，果径2.6 cm，果皮厚度2.1 mm；种子扁球形或球形，种皮棕褐色。

品质性状

适制红茶。

咖啡碱2.0%，茶多酚22.5%，氨基酸3.1%。

抗性性状

抗旱，中抗小绿叶蝉。

秃房茶

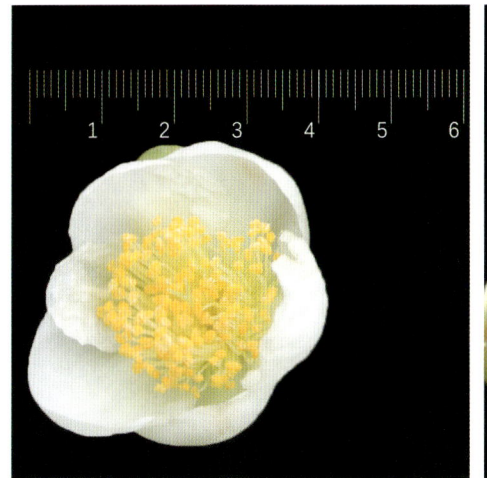
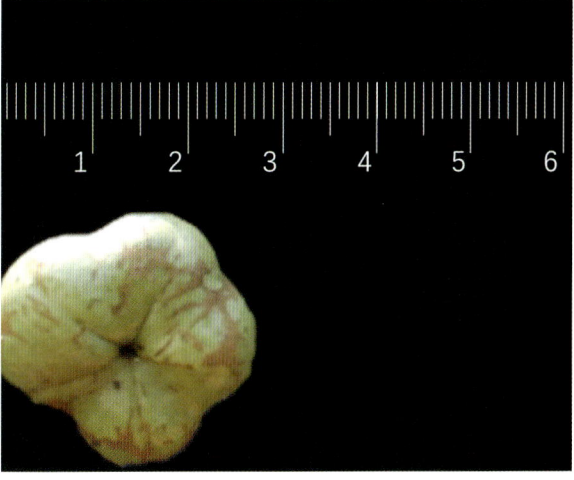

第二章 我国代表性野生茶树图谱

金沙2号

Camellia gymnogyna 'Jinsha 2'

基本信息

品种类型：野生近缘种

原产地：贵州省毕节市金沙县

保存地：贵州大学茶树资源圃

观测地点：贵州省金沙县

植物学特征和生物学特性

树体：乔木，树姿半开张。

新梢：一芽一叶期3月中旬，一芽二叶期3月下旬，芽叶绿色、茸毛多。

叶片：叶片着生上斜，叶长10.5 cm，叶宽4.4 cm，叶面积32.3 cm^2，大叶，呈椭圆形；叶色绿，叶脉8对，叶面微隆起，叶身平或稍背卷，叶质软；叶齿锐度钝、密度稀、深度浅，叶基楔形，叶尖急尖，叶缘微波折。

花：萼片5片、绿色；花冠直径4.2 cm，花瓣6枚、白色；子房3室、无茸毛，花柱先端3裂，裂位中，雌雄蕊近等高。

果实与种子：果实三角形，果径2.1 cm，果皮厚度1.6 mm；种子扁球形或球形，种皮棕褐色。

品质性状

适制绿茶。

咖啡碱1.0%，茶多酚15.4%，氨基酸4.9%。

抗性性状

中抗小绿叶蝉。

秃房茶

第二章 我国代表性野生茶树图谱

榕江1号

Camellia gymnogyna 'Rongjiang 1'

基本信息

品种类型：野生近缘种

原产地：贵州省黔东南苗族侗族自治州榕江县

保存地：贵州大学茶树资源圃

观测地点：贵州省榕江县

植物学特征和生物学特性

树体：小乔木，树姿直立。

新梢：一芽一叶期3月上旬，一芽二叶期3月中旬，芽叶绿色、无茸毛或少茸毛。

叶片：叶片着生稍上斜或水平，叶长13.1 cm，叶宽5.3 cm，叶面积48.6 cm^2，大叶，呈椭圆形；叶脉9对，叶色绿，叶面隆起，叶身平或被卷，叶质硬；叶齿锐度锐、密度密、深度浅，叶基楔形，叶尖急尖，叶缘微波折。

花：萼片5片、绿色；花冠直径3.7 cm，花瓣7枚、白色；子房3室、无茸毛，花柱先端3裂，裂位中，雌蕊高。

果实与种子：果实三角形，果径2.0 cm，果皮厚度1.2 mm；种子扁球形或球形，种皮棕褐色。

品质性状

适制红茶。

咖啡碱1.1%，茶多酚25.6%，氨基酸2.1%。

秃房茶

第二章 我国代表性野生茶树图谱

147

七星关2号

Camellia gymnogyna 'Qixingguan 2'

基本信息

品种类型：野生近缘种
原产地：贵州省毕节市七星关区
保存地：贵州大学茶树资源圃
观测地点：贵州省毕节市

植物学特征和生物学特性

树体：小乔木，树姿半开张。

新梢：一芽一叶期4月上旬，一芽二叶期4月下旬，芽叶绿色、茸毛中。

叶片：叶片着生上斜，叶长11.1 cm，叶宽5.0 cm，叶面积38.9 cm^2，大叶，呈椭圆形；叶脉10对，叶色深绿，叶面隆起，叶身背卷，叶质中；叶齿锐度锐、密度中、深度深，叶基楔形，叶尖渐尖，叶缘微波折。

花：萼片5片、绿色；花冠直径3.9 cm，花瓣6枚、白色；子房3室、无茸毛，花柱先端3裂，裂位中，雌雄蕊近等高。

果实与种子：果实三角形，果径2.3 cm，果皮厚度1.4 mm；种子扁球形或球形，种皮棕褐色。

品质性状

适制红茶。

咖啡碱2.1%，茶多酚18.9%，氨基酸2.6%。

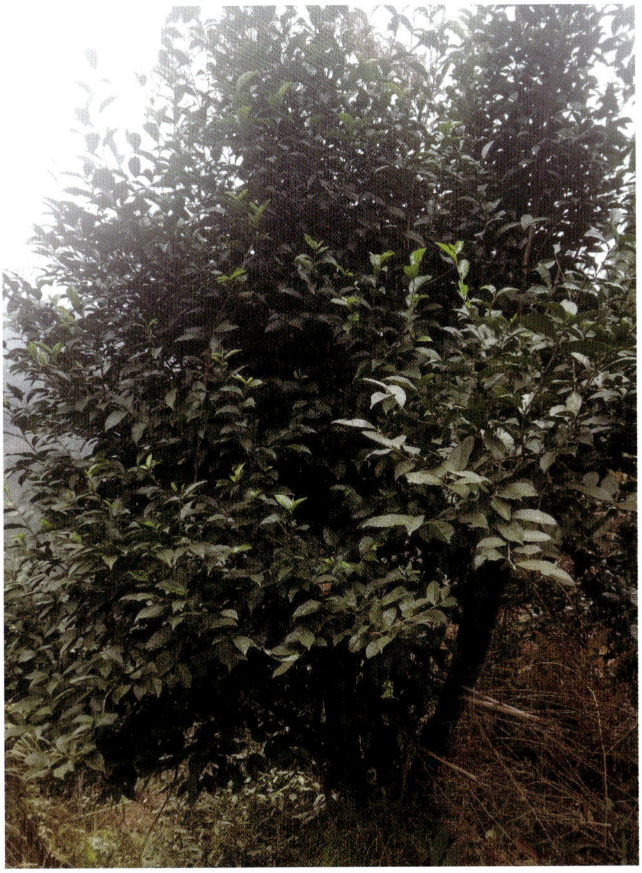

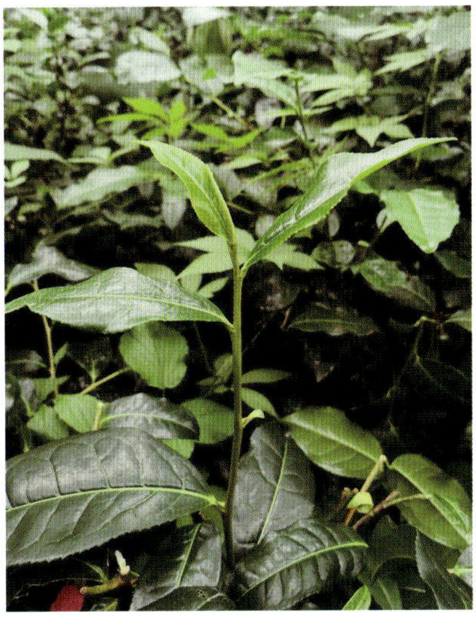

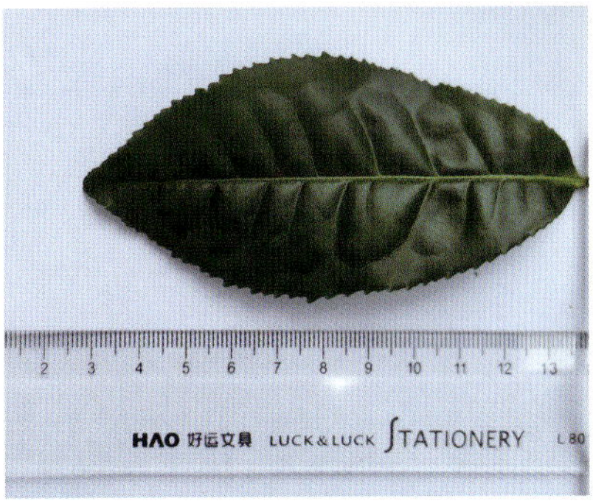
2 3 4 5 6 7 8 9 10 11 12 13
HAO 好运文具 LUCK&LUCK STATIONERY

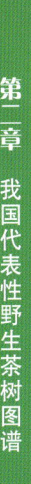

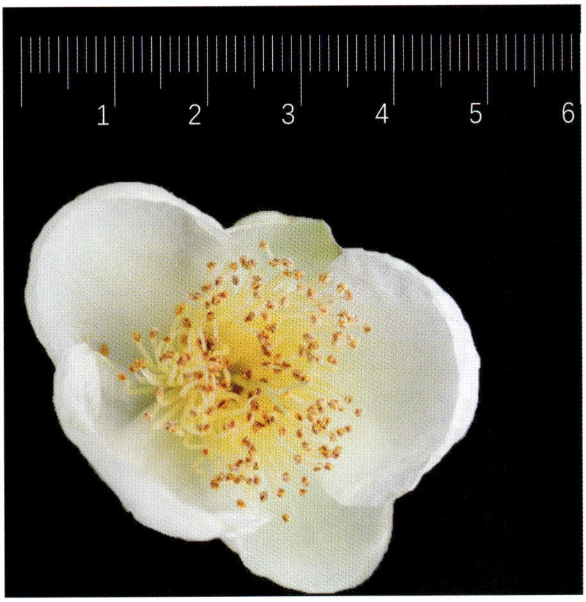
1 2 3 4 5 6

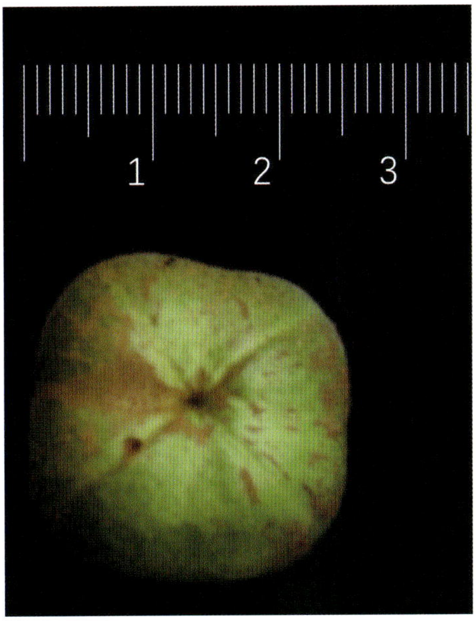
1 2 3

桐梓1号

Camellia gymnogyna 'Tongzi 1'

基本信息

品种类型：野生近缘种

原产地：贵州省遵义市桐梓县

保存地：贵州大学茶树资源圃

观测地点：贵州省桐梓县

植物学特征和生物学特性

树体：乔木，树姿直立。

新梢：一芽一叶期3月中旬，一芽二叶期3月下旬，芽叶绿色、有茸毛。

叶片：叶片着生上斜，叶长11.2 cm，叶宽6.1 cm，叶面积47.8 cm^2，中叶，呈近圆形；叶脉9对，叶色深绿，叶面微隆起，叶身内折或稍背卷，叶质中；叶齿锐度钝、密度中、深度浅，叶基楔形，叶尖渐尖，叶缘微波折。

花：萼片5片、绿色；花冠直径4.0 cm，花瓣6枚、白色；子房3室、无茸毛，花柱先端3裂，裂位中，雌蕊高。

果实与种子：果实三角形或球形，果径2.4 cm，果皮厚度1.8 mm；种子扁球形或球形，种皮棕褐色。

品质性状

适制红茶、绿茶或白茶。

咖啡碱2.6%，茶多酚21.6%，氨基酸4.1%。

尧房茶

第二章 我国代表性野生茶树图谱

务川1号

Camellia gymnogyna 'Wuchuan 1'

基本信息

品种类型：野生近缘种

原产地：贵州遵义市务川仡佬族苗族自治县

保存地：贵州大学茶树资源圃

观测地点：贵州省务川仡佬族苗族自治县

植物学特征和生物学特性

树体：乔木，树姿半开张。

新梢：一芽一叶期3月下旬，一芽二叶期4月上旬，芽叶紫绿色、茸毛少。

叶片：叶片着生上斜，叶长11.2 cm，叶宽4.5 cm，叶面积35.3 cm^2，中叶，呈椭圆形；叶脉9对，叶色绿，叶面微隆起，叶身平或稍被卷，叶质中；叶齿锐度钝、密度中、深度深，叶基楔形，叶尖渐尖，叶缘微波折。

花：萼片5片、绿色；花冠直径4.4 cm，花瓣7枚、白色；子房3室、无茸毛，花柱先端3裂，裂位中，雌蕊低。

果实与种子：果实三角形或四角形，果径2.9 cm，果皮厚度1.5 mm；种子扁球形或球形，种皮棕褐色。

品质性状

适制红茶。

咖啡碱2.7%，茶多酚27.7%，氨基酸3.1%。

抗性性状

易感假眼小绿叶蝉。

尧房茶

第二章 我国代表性野生茶树图谱

南川大茶树1号

Camellia gymnogyna 'Nanchuan Dachashu 1'

基本信息

品种类型：野生近缘种
原产地：重庆市南川区
保存地：重庆市南川区
观测地点：重庆市南川区

植物学特征和生物学特性

树体：乔木，树姿半开张，生长势旺盛。

新梢：一芽一叶期3月下旬，一芽二叶期4月上旬，芽叶绿色、无茸毛，一芽二叶长4.8 cm，一芽二叶百芽重21.7 g。

叶片：叶片着生下垂，叶长13.9 cm，叶宽5.8 cm，叶面积56.4 cm^2，大叶，呈长椭圆形；侧脉9对，叶色绿，叶面微隆起，叶身内折，叶质硬；叶齿锐度中、密度稀、深度浅，叶基楔形，叶尖急尖，叶缘平。

花：盛花期9月下旬，萼片5枚、绿色、无茸毛；花冠直径5.9 cm，花瓣9枚、白色、质地厚；子房无茸毛，花柱长2.1 cm，花柱3裂，裂位高，雌雄蕊等高。

果实与种子：果实球形，果径2.1 cm，果皮厚度1.0 mm；种子球形或半球形，种径1.4 cm，种皮棕褐色。

品质性状

适制红茶。

水浸出物48.7%，咖啡碱3.1%，茶多酚22.2%，游离氨基酸3.3%。
儿茶素总量6.95%。

抗性性状

耐寒性强。

秃房茶

第二章 我国代表性野生茶树图谱

南川大茶树2号

Camellia gymnogyna 'Nanchuan Dachashu 2'

基本信息

品种类型：野生近缘种
原产地：重庆市南川区
保存地：重庆市南川区
观测地点：重庆市南川区

植物学特征和生物学特性

树体：小乔木，树姿半开张。

新梢：一芽一叶期3月中旬，一芽二叶期3月下旬，芽叶黄绿色、无茸毛，一芽二叶长5.7 cm，一芽二叶百芽重24.4 g。

叶片：叶片着生下垂，叶长13.5 cm，叶宽5.1 cm，叶面积48.2 cm^2，大叶，呈长椭圆形；侧脉9对，叶色绿，叶面隆起，叶身内折，叶质硬；叶齿锐度中、密度稀、深度浅，叶基楔形，叶尖急尖，叶缘波折。

花：盛花期11月中下旬，萼片5枚、绿色、无茸毛；花冠直径5.3 cm，花瓣9枚、白色、质地厚；子房无茸毛，花柱长1.9 cm，花柱3裂，裂位高，雌蕊高。

果实与种子：果实球形，果径2.4 cm，果皮厚度3.0 mm；种子球形或半球形，种径1.5 cm，种皮棕褐色。

品质性状

适制红茶。

水浸出物49.6%，咖啡碱3.1%，茶多酚21.2%，游离氨基酸3.7%。
儿茶素总量6.4%。

尧房茶

綦江大茶树1号

Camellia gymnogyna 'Qijiang Dachashu'

基本信息

品种类型：野生近缘种
原产地：重庆市綦江区
保存地：重庆市綦江区
观测地点：重庆市綦江区

植物学特征和生物学特性

树体：乔木，树姿半开张。

新梢：一芽一叶期3月上旬，一芽二叶期3月中旬，芽叶黄绿色、无茸毛。

叶片：叶片着生下垂，叶长14.4 cm，叶宽6.9 cm，叶面积69.6 cm^2，特大叶，呈椭圆形；侧脉9对，叶色绿，叶面平，叶身内折，叶质中；叶齿锐度中、密度稀、深度浅，叶基楔形，叶尖急尖，叶缘平。

花：盛花期11月中旬，萼片5枚、绿色、无茸毛；花冠直径3.8 cm，花瓣8枚、白色、质地中；子房无茸毛，花柱长1.6 cm，花柱3裂，裂位高，雌蕊高。

果实与种子：果实球形，果径2.4 cm，果皮厚度1.0 mm；种子球形或半球形，种径1.5 cm，种皮棕褐色。

品质性状

水浸出物51.5%，咖啡碱3.7%，茶多酚23.8%，游离氨基酸2.3%。儿茶素总量13.2%。

抗性性状

耐寒性强。

秃房茶

第二章 我国代表性野生茶树图谱

万盛大茶树1号

Camellia gymnogyna 'Wansheng Dachashu 1'

基本信息

品种类型：野生近缘种
原产地：重庆市綦江区万盛经济技术开发区
保存地：重庆市万盛经济技术开发区
观测地点：重庆市万盛经济技术开发区

植物学特征和生物学特性

树体：乔木，树姿半开张，生长势旺盛。

新梢：一芽一叶期3月上旬，一芽二叶期3月中旬，芽叶黄绿色、无茸毛。

叶片：叶片着生水平，叶长11.6 cm，叶宽4.5 cm，叶面积36.5 cm^2，中叶，呈椭圆形；侧脉9对，叶色绿，叶面平，叶身内折，叶质硬；叶齿锐度钝、密度稀、深度浅，叶基楔形，叶尖急尖，叶缘平。

花：盛花期9月下旬，萼片5枚、绿色、无茸毛；花冠直径4.6 cm，花瓣8枚、白色、质地厚；子房无茸毛，花柱长2.0 cm，花柱3~4裂，裂位中，雌蕊高。

果实与种子：果实球形，果径2.7 cm，果皮厚度1.0 mm；种子球形或半球形，种径1.6 cm，种皮棕褐色。

品质性状

水浸出物54.1%，咖啡碱4.2%，茶多酚25.4%，游离氨基酸3.1%。儿茶素总量13.3%。

抗性性状

耐寒性强。

秃房茶

第二章 我国代表性野生茶树图谱

161

万盛大茶树2号

Camellia gymnogyna 'Wansheng Dachashu 2'

基本信息

品种类型： 野生近缘种
原产地： 重庆市綦江区万盛经济技术开发区
保存地： 重庆万盛经济技术开发区
观测地点： 重庆万盛经济技术开发区

植物学特征和生物学特性

树体： 乔木，树姿半开张，生长势旺盛。
新梢： 一芽一叶期3月上旬，一芽二叶期3月下旬，芽叶黄绿色、无茸毛。
叶片： 叶片着生水平，叶长15.6 cm，叶宽6.2 cm，叶面积67.7 cm^2，特大叶，呈椭圆形；侧脉9对，叶色绿，叶面平，叶身内折，叶质硬；叶齿锐度钝、密度稀、深度浅，叶基近圆形，叶尖急尖，叶缘微波折。
花： 盛花期9月下旬，萼片5枚、绿色、无茸毛；花冠直径4.7 cm，花瓣9枚、白色、质地厚；子房无茸毛，花柱长1.7 cm，花柱3~5裂，裂位高，雌蕊高。
果实与种子： 果实球形，果径2.6 cm，果皮厚度1.0 mm；种子球形或半球形，种径1.5 cm，种皮棕褐色。

品质性状

水浸出物53.7%，咖啡碱4.4%，茶多酚25.8%，游离氨基酸3.2%。儿茶素总量14.3%。

抗性性状

耐寒性强。

尧房茶

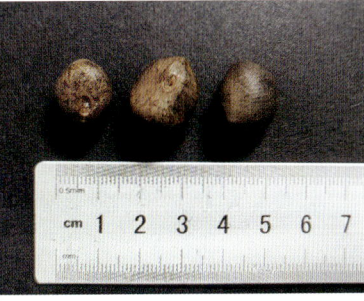

第二章 我国代表性野生茶树图谱

江津大茶树1号

Camellia gymnogyna 'Jiangjin Dachashu 1'

基本信息

品种类型：野生近缘种
原产地：重庆市江津区
保存地：重庆市江津区
观测地点：重庆市江津区

植物学特征和生物学特性

树体：乔木型，树姿半开张，生长势旺盛。

新梢：一芽一叶期3月下旬，一芽二叶期4月上旬，芽叶黄绿色、无茸毛。

叶片：叶片着生水平，叶长14.7 cm，叶宽6.1 cm，叶面积62.8 cm^2，特大叶，呈椭圆形；侧脉8对，叶色绿，叶面平，叶身平，叶质软；叶齿锐度中、密度中、深度浅，叶基楔形，叶尖急尖，叶缘微波折。

花：盛花期10月中下旬，萼片5枚、绿色、无茸毛；花冠直径5.1 cm，花瓣8枚、白色、质地厚；子房无茸毛，花柱长2.1 cm，花柱3裂，裂位高，雌蕊高。

果实与种子：果实球形，果径2.7 cm，果皮厚度1.0 mm；种子球形或半球形，种径1.4 cm，种皮棕褐色。

品质性状

水浸出物52.6%，咖啡碱3.8%，茶多酚22.4%，游离氨基酸3.6%。
儿茶素总量8.5%。

抗性性状

耐寒性强。

尧房茶

第二章 我国代表性野生茶树图谱

第五节 毛叶茶

毛叶茶（Camellia ptilophylla Chang）是以采集自广东龙门南昆山的野生茶树为模式标本命名的新种（张宏达，1981），在当地又称"毛茶""百岁茶"。主要分布在广东龙门、惠东、从化和增城等地，其中以南昆山分布最为集中。

本种为乔木或小乔木，树姿多直立，主干明显。嫩芽、成熟叶片叶背均覆盖茸毛；新梢嫩芽茸毛密而顺长，色白，芽头粗壮，幼叶颜色存在绿色、黄绿色、紫绿色、紫色等变异；成熟叶片普遍呈深绿色，光泽度好，叶面革质较硬，多属大叶，少为中叶；叶型有椭圆形、长椭圆形和披针形等；叶身较平，少见隆起；叶齿有钝浅，也有锐深；叶缘大部分较平，少数为微波折和波折；开花结实力普遍较差，大部分单株无花无果实，少量有花的单株坐果率也偏低；果径中等，部分植株果实较大；子房多为三室，茸毛多，花柱多为3裂（张宏达，1981；吴华玲 等，2024）。

毛叶茶富含可可碱，而咖啡碱含量极低或无咖啡碱，故又称'可可茶'（张宏达 等，1988），是培育低（无）咖啡碱茶树特异新品种的重要基因资源，从中已选育出'可可茶1号'和'可可茶2号'两个天然无咖啡碱茶树新品种。对比栽培茶树（C. sinensis）和苦茶，毛叶茶的可可碱和GCG含量明显较高，而咖啡碱未检出（Yang et al.，2007）。吴华玲等（2024）对104份广东南昆山毛叶茶种质资源的鉴定结果表明，可可碱含量普遍较高，平均为4.9%（1.0%～6.9%），而咖啡碱含量较低，平均为0.1%，其中66%未检出咖啡碱，33%含量低于0.1%，仅发现1株咖啡碱含量较高（6.6%）。不同毛叶茶种质的其他品质成分也呈较大变异，水浸出物含量平均为41.0%（33.3%～56.6%）；可溶性糖平均为3.6%（1.3%～6.0%），茶多酚平均为21.5%（18.2%～28.7%），非表型儿茶素GCG（4.3%～12.9%）和C（0.5%～4.3%）是毛叶茶的主导儿茶素组分，而EGCG仅1%；茶氨酸含量平均为0.4%（0.1%～1.1%），明显低栽培茶树（C.sinensis）。利用毛叶茶鲜叶制成的绿茶和红茶，与云南大叶茶（C. sinensis var. assamica）相比，含有黄酮、聚酯型儿茶素B同分异构体、可可碱、鞣质等数十种特征代谢物（龚兴鑫 等，2004）。研究还表明，毛叶茶的嘌呤碱代谢具有特殊性，其虽然有能力从腺嘌呤核苷酸合成可可碱，但是缺乏足够的甲基转移酶活性将可可碱转化为咖啡碱（Ashira et al.，2007）。

毛叶茶叶绿体基因组大小为157 097 bp，其中大单拷贝区域（LSC）86 631 bp，小单拷贝（SSC）区域18 286 bp，被两个26 090 bp的倒置重复区域分隔。该基因组包括132个基因，GC含量占37.3%（Li et al.，2018）。该基因组的测序对研究毛叶茶系统演化提供了重要依据。

南昆山毛叶茶4号

Camellia ptilophylla 'Nankunshan Maoyecha 4'

基本信息

品种类型：野生近缘种

原产地：广东省惠州市龙门县

保存地：广东省龙门县南昆山自然保护区

观测地点：广东省龙门县

植物学特征和生物学特性

树体：乔木，树姿直立，生长势中等。

新梢：一芽一叶期3月下旬，一芽二叶期4月上旬，芽叶绿色、茸毛特多。

叶片：叶片着生上斜，叶长14.8 cm，叶宽5.2 cm，叶面积53.9 cm^2，大叶，呈长椭圆形；侧脉9对，叶色深绿，叶面平，叶身内折，叶质软；叶齿锐度中、密度密、深度浅，叶基楔形，叶尖渐尖，叶缘微波折。

花：盛花期11月下旬，萼片5枚、绿色、有茸毛；花冠直径3.3 cm，子房有茸毛，花柱3裂，裂位高，雌蕊高。

果实与种子：果实球形，果径2.4 cm；种皮棕褐色。

品质性状

适制红茶。

水浸出物43.0%，咖啡碱0.0%，茶多酚21.8%，茶氨酸1.0%。

毛叶茶

南昆山毛叶茶27号

Camellia ptilophylla 'Nankunshan Maoyecha 27'

基本信息

品种类型： 野生近缘种
原产地： 广东省惠州市龙门县
保存地： 广东省龙门县南昆山自然保护区
观测地点： 广东省龙门县

植物学特征和生物学特性

树体： 乔木，树姿直立，生长势中等。

新梢： 一芽一叶期4月上旬，一芽二叶期4月中旬，芽叶紫绿色、茸毛特多。

叶片： 叶片着生上斜，叶长14.0 cm，叶宽3.9 cm，叶面积38.2 cm^2，中叶，呈披针形；侧脉10对，叶色深绿，叶面平，叶身内折，叶质硬；叶齿锐度锐、密度密、深度浅，叶基楔形，叶尖渐尖，叶缘平。

花： 盛花期11月下旬，萼片5枚、绿色、有茸毛；花冠直径2.7 cm，子房有茸毛，花柱3裂，裂位高，雌蕊高。

果实与种子： 果实三角形，果径3.6 cm；种皮棕褐色。

品质性状

适制红茶。

水浸出物40.3%，咖啡碱0.0%，茶多酚21.2%，茶氨酸0.7%。

南昆山毛叶茶36号

Camellia ptilophylla 'Nankunshan Maoyecha 36'

基本信息

品种类型：野生近缘种
原产地：广东省惠州市龙门县
保存地：广东省龙门县南昆山自然保护区
观测地点：广东省龙门县

植物学特征和生物学特性

树体：乔木，树姿直立，生长势中等。
新梢：一芽一叶期4月上旬，一芽二叶期4月中旬，芽叶淡绿色、茸毛特多。
叶片：叶片着生上斜，叶长14.7 cm，叶宽4.6 cm，叶面积47.3 cm^2，大叶，呈披针形；侧脉9对，叶色深绿，叶面平，叶身背卷，叶质硬；叶齿锐度锐、密度中、深度浅，叶基楔形，叶尖渐尖，叶缘平。
花：盛花期11月下旬，萼片5枚、绿色、有茸毛；花冠直径3.1 cm，子房有茸毛，花柱3裂，裂位高，雌蕊高。
果实与种子：果实三角形，果径3.3 cm；种皮棕褐色。

品质性状

适制红茶。

水浸出物35.1%，咖啡碱0.0%，茶多酚19.8%，茶氨酸0.4%。

毛叶茶

第二章 我国代表性野生茶树图谱

南昆山毛叶茶86号

Camellia ptilophylla 'Nankunshan Maoyecha 86'

基本信息

品种类型：野生近缘种
原产地：广东省惠州市龙门县
保存地：广东省龙门县南昆山自然保护区
观测地点：广东省龙门县

植物学特征和生物学特性

树体：小乔木，树姿直立，生长势中等。
新梢：一芽一叶期3月下旬，一芽一叶期4月上旬，芽叶黄绿色、茸毛特多。
叶片：叶片着生上斜，叶长10.7 cm，叶宽4.0 cm，叶面积30.0 cm^2，中叶，呈长椭圆形；侧脉9对，叶色绿，叶面平，叶身内折，叶质中；叶齿锐度中、密度密、深度浅，叶基楔形，叶尖渐尖，叶缘平。
花：盛花期11月下旬，萼片5枚、绿色、有茸毛；花冠直径3.1 cm，子房有茸毛，花柱3裂，裂位高，雌蕊高。
果实与种子：果实球形，果径2.0 cm；种皮棕褐色。

品质性状

适制红茶。

水浸出物42.9%，咖啡碱0.0%，茶多酚18.1%，茶氨酸0.4%。

毛叶茶

第二章 我国代表性野生茶树图谱

古洞毛叶茶

Camellia ptilophylla 'Gudong Maoyecha'

基本信息

品种类型：野生近缘种
原产地：广东省惠州市龙门县
保存地：广东省龙门县
观测地点：广东省龙门县

植物学特征和生物学特性

树体：小乔木，树姿直立，生长势中等。

新梢：一芽一叶期4月上旬，一芽二叶期4月中旬，芽叶紫绿色、茸毛特多，一芽三叶长10.2 cm，一芽三叶百芽重98.3 g。

叶片：叶片着生水平，叶长14.7 cm，叶宽4.7 cm，叶面积48.4 cm^2，大叶，呈披针形；叶色深绿，叶面微隆起，叶身平，叶片革质较硬；叶齿锐度钝、密度中、深度浅，叶基楔形，叶尖渐尖，叶缘平。

花：盛花期11上旬，萼片5枚、绿色、有茸毛；花冠直径2.8 cm，花瓣5枚、微绿色；子房有茸毛，花柱长1.1 cm，花柱3裂，裂位高，雌雄蕊等高。

果实与种子：果实球形，果径2.5 cm；种子球形或半球形，种径1.4 cm。

品质性状

适制红茶。

水浸出物47.5%，咖啡碱0.0%，茶多酚21.1%，可可碱5.3%，游离氨基酸2.1%。

抗性性状

耐寒性中。

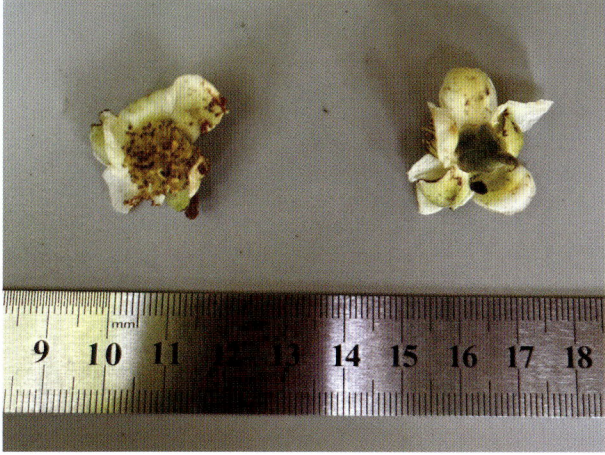

毛叶茶

第二章 我国代表性野生茶树图谱

惠东毛叶茶

Camellia ptilophylla 'Huidong Maoyecha'

基本信息

品种类型：野生近缘种
原产地：广东省惠州市惠东县
保存地：广东省惠东县
观测地点：广东省惠东县

植物学特征和生物学特性

树体：小乔木，树姿直立，生长势强。

新梢：一芽一叶期4月初，一芽二叶期4月上旬，芽叶紫绿色、茸毛特多，一芽三叶长9.7 cm，一芽三叶百芽重68.5 g。

叶片：叶片着生水平，叶长14.2 cm，叶宽5.9 cm，叶面积58.6 cm^2，大叶，呈长椭圆形；叶色深绿，叶面微隆起，叶身平，叶质硬；叶齿锐度中、密度密、深度中，叶基楔形，叶尖急尖，叶缘平。

花：盛花期11月上旬，萼片5枚、绿色、茸毛无；花冠直径3.5 cm，花瓣5枚、微绿色；有子房茸毛，花柱长0.9cm，花柱3裂，裂位高，雌雄蕊等高。

果实与种子：果实球形，果径2.0 cm；种子球形或半球形，种径1.6 cm。

品质性状

适制红茶。

水浸出物47.9%，咖啡碱0.0%，茶多酚22.1%，可可碱3.7%，游离氨基酸2.3%。

抗性性状

耐寒性较强。

毛叶茶

第二章 我国代表性野生茶树图谱

第六节 防城茶

防城茶（Camellia fangchengesis Liang et Zhong）是以采集于广西防城那湾峪中的野生茶树为模式样本命名的新种（梁盛业，钟业聪，1981）。本种分布范围狭窄，主要分布在广西壮族自治区防城港市防城区华石镇，生长在海拔处于150~500 m的山地次生林中。该地区属于南亚热带季风气候，年平均气温在20℃左右，降雨集中在5—10月，年降水量在1 000~1 500 mm；地形主要为山地，起伏不平，多有乱石；植被包括常绿阔叶林、针阔混交林、针叶林等；植被生长地土壤以红壤为主，还包括黄壤和山地土壤。

本种为灌木或小乔木，树高最高约5 m，最低0.2 m，树幅0.1~1.5 m，基部树围0.5~90 cm，树姿大多直立，分枝稀或中，生长势较弱；叶片较大，主要为长椭圆形或椭圆形，多为深绿色，叶面隆起，叶质多为革质偏硬，新梢芽叶多为紫绿色，芽及叶背密被茸毛；叶基大多为楔形，叶尖多为钝尖；花被柔毛，雄蕊3~4轮，外轮花丝长约1 cm，基部稍合生，花柱长6~10 mm，花萼数5片，萼片多有茸毛，柱头开裂数为3裂，子房被灰白色茸毛；结实较少，果实形状大多为球形或肾形，果径2~3 cm，果皮较薄；种子形状为球形和不规则形，种皮为棕色和褐色，种径大多1 cm。

目前对防城茶的关注和研究较少。初步检测表明，防城茶可可碱含量高，而咖啡碱含量较低；儿茶素与氨基酸相对栽培茶树（C. sinensis）含量较低，EGCG含量也比较低（未发表数据）。研究还发现，防城茶以黄烷-3-醇类化合物的二聚体为主要特征性成分，包括原花青素B_2和原花青素B_3，且儿茶素单体直接通过亚甲基连接（刘畅，2014；范戎，2015），这些化合物具有较强的抗氧化功能。

防城茶1号

Camellia fangchengesis 'Fangchengcha 1'

基本信息

品种类型：野生近缘种
原产地：广西壮族自治区防城港市防城区
保存地：广西壮族自治区防城港市
观测地点：广西壮族自治区防城港市

植物学特征和生物学特性

树体：灌木，树姿半开张，生长中等。

新梢：一芽一叶期4月上旬，一芽二叶期4月中旬，芽叶紫绿色、茸毛密，一芽二叶长20 cm。

叶片：叶片着生稍上斜，叶长26.7 cm，叶宽10.7 cm，叶面积199.2 cm^2，特大叶，呈长椭圆形；侧脉12对，叶色深绿，叶面隆起，叶身内折，叶片革质较硬；叶齿锐度锐、密度中、深度中，叶基楔形，叶尖钝尖，叶缘平。

花：开花少。萼片5枚、绿色、有茸毛；花冠直径3.3 cm，花瓣7枚、外轮花瓣淡绿色；子房被灰白色茸毛，花柱长约1 cm，花柱3裂，裂位中，雄蕊高于雌蕊。

果实与种子：结实极少。果实球形或肾形，果径2.0~3.0 cm，果皮较薄；种子球形或不规则形，种径约1.0 cm，种皮棕色或褐色。

品质性状

适制白茶。

咖啡碱0.8%，茶多酚21.6%，可可碱4.5%，游离氨基酸1.5%。

防城茶

第二章 我国代表性野生茶树图谱

防城茶2号

Camellia fangchengesis 'Fangchengcha 2'

基本信息

品种类型：野生近缘种
原产地：广西壮族自治区防城港市防城区
保存地：广西壮族自治区防城港市
观测地点：广西壮族自治区防城港市

植物学特征和生物学特性

树体：灌木，树姿半开张，生长中等。

新梢：一芽一叶期4月上旬，一芽二叶期4月中旬，芽叶紫绿色、茸毛密，一芽二叶长18.0 cm。

叶片：叶片着生水平，叶长21.3 cm，叶宽11.2 cm，叶面积167.0 cm^2，特大叶，呈长椭圆形；侧脉12对，叶色深绿，叶面隆起，叶身内折，叶质硬；叶齿锐度中、密度中、深度中，叶基楔形，叶尖钝尖，叶缘平。

花：开花量少。萼片5枚、绿色、有茸毛；花冠直径3.5 cm，花瓣7枚、外轮花瓣淡绿色；子房被灰白色茸毛，花柱长1.0 cm，花柱3裂，裂位中，雄蕊高于雌蕊。

果实与种子：结实极少。果实球形或肾形，果径2.0~3.0 cm，果皮较薄；种子球形或不规则形，种径约1.0 cm，种皮棕色或褐色。

品质性状

适制白茶。

咖啡碱0.7%，茶多酚21.6%，可可碱4.2%，游离氨基酸1.4%。

防城茶

第二章 我国代表性野生茶树图谱

防城茶3号

Camellia fangchengesis 'Fangchengcha 3'

基本信息

品种类型：野生近缘种
原产地：广西壮族自治区防城港市防城区
保存地：广西壮族自治区防城港市
观测地点：广西壮族自治区防城港市

植物学特征和生物学特性

树体：小乔木，树姿直立，生长中等。

新梢：一芽一叶期4月上旬，一芽二叶期4月中旬，芽叶紫绿色、茸毛密，一芽二叶长23.0 cm。

叶片：叶片着生水平，叶长21.2 cm，叶宽9.9 cm，叶面积146.9 cm^2，特大叶，呈长椭圆形；侧脉9对，叶色深绿，叶面微隆起，叶身平，叶质硬；叶齿锐度锐、密度中、深度中，叶基楔形，叶尖钝尖，叶缘平。

花：开花量少。萼片5枚、绿色、有茸毛；花冠直径2.9 cm，花瓣7枚、外轮花瓣淡绿色；子房被灰白色茸毛，花柱长0.8 cm，花柱3裂，裂位中，雄蕊高于雌蕊。

果实与种子：结实极少。果实球形或肾形，果径2.0~3.0 cm，果皮较薄；种子球形或不规则形，种径约1.0 cm，种皮棕色或褐色。

品质性状

适制白茶。

咖啡碱0.8%，茶多酚22.5%，可可碱4.9%，游离氨基酸1.4%。

第七节 其他野生茶树

二嘎子茶王

Camellia grandibracteata 'Ergazi Chawang'

基本信息

品种类型：野生近缘种
原产地：云南省临沧市云县
保存地：云南省澜沧江省级自然保护区
观测地点：云南省云县

植物学特征和生物学特性

树体：乔木，树姿半开张，树高10.5 m，树幅8.4 m×8.6 m，基部干径1.2 m，最低分枝高0.2 cm，分枝中。

新梢：一芽一叶期3月中旬，一芽二叶期3月下旬，芽叶绿色、茸毛少，一芽三叶长5.8 cm，一芽三叶百芽重89.7 g。

叶片：叶片着生稍上斜，叶长12.1 cm，叶宽4.9 cm，叶面积41.5 cm^2，大叶，呈长椭圆形；叶脉8~9对，叶色绿，叶面微隆起，叶身内折，叶革质硬度中；叶齿锐度钝、密度稀、深度浅，叶基楔形，叶尖渐尖，叶缘平。

花：盛花期11月中旬，萼片5枚、绿色、无茸毛；花冠直径5.6 cm，花瓣8~9枚、白色、质地中；子房5室、有茸毛，花柱长1.2 cm，花柱先端5（4）裂，裂位浅，雌蕊高。

果实与种子：果实球形，果径3.7 cm，鲜果皮厚2 mm；种子球形，种径1.6 cm，种皮棕褐色。

紫果茶

Camellia purpurea 'Ziguocha'

基本信息

品种类型：野生近缘种
原产地：云南省红河哈尼族彝族自治州屏边苗族自治县
保存地：云南省大围山国家级自然保护区
观测地点：云南省屏边苗族自治县

植物学特征和生物学特性

树体：乔木，树姿半开张，树高5.8 m，树幅2.8 m×3.1 m，基部干径0.1 m，最低分枝高2.3 m，分枝稀。

新梢：一芽一叶期3月上旬，一芽二叶期3月中旬，芽叶绿色、茸毛少，一芽三叶长9.5 cm，一芽三叶百芽重128.7 g。

叶片：叶片着生稍向上，叶长18.7 cm，叶宽6.8 cm，叶面积89.0 cm^2，特大叶，呈长椭圆形；叶脉10~15对，叶色黄绿，叶面隆起，叶身内折，叶质中；叶背主脉无毛，叶齿锐度中、密度稀、深度浅，叶基楔形，叶尖急尖，叶缘微波折。

花：盛花期10月下旬，萼片绿色、无毛；花冠直径5.5 cm，花瓣12枚、白色、少毛、质地中；子房3室、有茸毛，花柱长1.6 cm，花柱先端3裂，裂位中。

果实与种子：果实扁球形，果径3.5 cm×3.2 cm，鲜果皮红紫色，鲜果皮厚4 mm；种子球形，种皮棕褐色，种径1.3 cm×1.2 cm，种子百粒重121.0 g。

其他野生茶树

第二章 我国代表性野生茶树图谱

古障大茶树

Camellia sinensis var. *pubilimba* 'Guzhang Dachashu'

基本信息

品种类型：野生近缘种
原产地：广西壮族自治区西林县
保存地：广西壮族自治区西林县
观测地点：广西壮族自治区西林县

植物学特征和生物学特性

树体：乔木，树姿直立，生长势强。
新梢：芽叶黄绿色、茸毛少。
叶片：叶片着生上斜，叶长9.9 cm，叶宽3.5 cm，叶面积24.2 cm^2，中叶，呈长椭圆形；侧脉7对，叶色绿，叶面隆起，叶身平，叶质硬；叶齿锐度中、密度密、深度深，叶基楔形，叶尖急尖，叶缘平。

西林平老屯4号

Camellia sp. 'Xilin Pinglaotun 4'

基本信息

品种类型：野生近缘种
原产地：广西壮族自治区西林县
保存地：广西壮族自治区西林县
观测地点：广西壮族自治区西林县

植物学特征和生物学特性

树体：乔木，树姿半开张，生长势强。

新梢：芽叶绿色、茸毛特多。

叶片：叶片着生水平，叶长15.9 cm，叶宽5.8 cm，叶面积64.5 cm^2，大叶，呈长椭圆形；侧脉12对，叶色绿，叶面隆起，叶身内折，叶质软；叶齿锐度中、密度中、深度浅，叶基楔形，叶尖渐尖，叶缘平。

花：萼片5枚、绿色；花冠直径1.8 cm，花瓣白色；子房有茸毛，花柱3裂，裂位高，雌雄蕊等高。

果实与种子：果实球形。

姑辽茶

Camellia sinensis 'Guliaocha'

基本信息

品种类型：地方品种

原产地：广西壮族自治区崇左市扶绥县

保存地：广西壮族自治区扶绥县

观测地点：广西壮族自治区扶绥县

植物学特征和生物学特性

树体：乔木或小乔木，树姿直立或半开张，生长势中等。

新梢：一芽一叶期2月下旬，一芽二叶期3月上中旬，芽叶黄绿色或紫绿色、茸毛少。

叶片：叶片着生上斜，叶长15.1 cm，叶宽5.3 cm，叶面积56.0 cm^2，大叶，呈长椭圆形；侧脉8～11对，叶片绿，叶面微隆起，叶身内折，叶片革质中；叶齿锐度中、密度稀、深度中，叶基楔形，叶尖渐尖，叶缘微波折。

花：萼片5枚、绿色、有茸毛；花冠直径4.0 cm，花瓣5～7枚、白色、质地薄；子房有茸毛，花柱长1.2 cm，花柱3裂，裂位高，雌雄蕊等高。

果实与种子：果实球形、肾形、三角形或四方形，果径3.1 cm，果皮厚度1.0 mm；种子球形或半球形，种径1.5 cm，种皮褐色。

品质性状

适制红茶或黑茶。

水浸出物44.8%，咖啡碱4.7%，茶多酚28.9%，氨基酸3.7%，酚氨比7.8。

金秀白牛茶

Camellia sinensis 'Jinxiu Bainiucha'

基本信息

品种类型：地方品种

原产地：广西壮族自治区来宾市金秀瑶族自治县

保存地：广西壮族自治区金秀瑶族自治县

观测地点：广西壮族自治区金秀瑶族自治县

植物学特征和生物学特性

树体：小乔木，树姿直立。

新梢：芽叶绿色、茸毛少。

叶片：叶片着生上斜，叶长11.7 cm，叶宽3.5 cm，叶面积28.7 cm^2，中叶，呈披针形；侧脉9对，叶色深绿，叶面隆起，叶身内折，叶质软；叶齿锐度中、密度中、深度浅，叶基楔形，叶尖渐尖，叶缘平。

花：萼片5枚、绿色、有茸毛；花冠直径2.6 cm，花瓣5~7枚、白色；子房3室、有茸毛，花柱先端3裂。

品质性状

适制绿茶、黑茶（六堡茶），味浓厚。

咖啡碱4.2%，茶多酚28.9%，氨基酸2.0%。

儿茶素总量13.3%。

其他野生茶树

第二章 我国代表性野生茶树图谱

三江牙己茶

Camellia sinensis 'Sanjiang Yajicha'

基本信息

品种类型：地方品种
原产地：广西壮族自治区柳州市三江侗族自治县
保存地：国家茶树种质资源圃（杭州）
观测地点：浙江省杭州市

植物学特征和生物学特性

树体：小乔木，树姿半开张。
新梢：芽叶浅绿色、茸毛多，一芽三叶长6.5 cm，一芽三叶百芽重34.0 g。
叶片：叶片着生上斜，叶长9.6 cm，叶宽3.8 cm，叶面积25.5 cm^2，中叶，呈椭圆形；侧脉11对，叶色绿，叶面微隆起，叶身内折，叶片革质较硬；叶齿锐度中、密度中、深度浅，叶基楔形，叶尖钝尖，叶缘微波折。
花：盛花期11月上旬，萼片5枚、绿色、有茸毛；花冠直径3.4 cm，花瓣7枚、白色；子房有茸毛，花柱长1.0 cm，花柱3裂。
果实与种子：种子球形，种径1.5 cm，种皮褐色。

品质性状

水浸出物43.3%，咖啡碱4.9%，茶多酚29.2%，游离氨基酸2.8%。
儿茶素总量125.1 mg/g，其中EGCG 83.6 mg/g。

抗性性状

耐寒性强。

壮帽山茶

Camellia sinensis 'Zhuangmaoshan Cha'

基本信息

品种类型：地方品种
原产地：广西壮族自治区贵港市覃塘区
保存地：广西壮族自治区贵港市
观测地点：广西壮族自治区贵港市

植物学特征和生物学特性

树体：小乔木，树姿开张。

新梢：芽叶黄绿色、无茸毛。

叶片：叶片着生上斜，叶长12.0 cm，叶宽6.0 cm，叶面积50.4 cm^2，大叶，呈椭圆形；侧脉8对，叶色绿，叶面微隆起，叶身内折，叶质中；叶齿锐度中、密度稀、深度浅，叶基近圆形，叶尖钝尖，叶缘波折。

花：花瓣5枚、白色、质地中；花柱3裂，裂位低。

果实与种子：果实球形或三角形，果径4.2 cm；种子球形或锥形，种径0.7 cm，种皮棕褐色。

开山白毛茶

Camellia sinensis var. *pubilimba* 'Kaishan Baimaocha'

基本信息

品种类型：地方品种
原产地：广西壮族自治区贺州市八步区
保存地：广西壮族自治区贺州市
观测地点：广西壮族自治区贺州市

植物学特征和生物学特性

树体：灌木，树姿开张。

新梢：一芽一叶期3月下旬，一芽二叶期4月上旬，芽叶黄绿色、茸毛多。

叶片：叶片着生水平，叶长8.9 cm，叶宽3.7 cm，叶面积23.1 cm^2，中叶，呈长椭圆形；侧脉8对，叶色绿，叶面隆起，叶身内折，叶质中；叶齿锐度中、密度中、深度浅，叶基楔形，叶尖渐尖，叶缘微波折。

花：萼片6枚、绿色、无茸毛；花冠直径3.1 cm × 2.1 cm，花瓣5枚、白色、质地薄。

果实与种子：果实球形；种子球形，种皮棕褐色。

龙胜田坳山1号

Camellia sinensis 'Longsheng Tianaoshan 1'

基本信息

品种类型：地方品种

原产地：广西壮族自治区桂林市龙胜各族自治县

保存地：广西壮族自治区龙胜各族自治县

观测地点：广西壮族自治区龙胜各族自治县

植物学特征和生物学特性

树体：乔木，树姿直立。

叶片：叶片着生上斜，叶长13.0 cm，叶宽4.0 cm，叶面积36.4 cm^2，中叶，呈长椭圆形；侧脉8对，叶色绿，叶面平，叶身内折，叶质中；叶齿锐度中、密度稀、深度浅，叶基楔形，叶尖渐尖，叶缘平。

龙胜李江村1号

Camellia sinensis var. *pubilimba* 'Longsheng Lijiangcun 1'

基本信息

品种类型：地方品种

原产地：广西壮族自治区桂林市龙胜各族自治县

保存地：广西壮族自治区龙胜各族自治县

观测地点：广西壮族自治区龙胜各族自治县

植物学特征和生物学特性

树体：小乔木，树姿半开张。

叶片：叶片着生水平，叶长13.4 cm，叶宽4.2 cm，叶面积39.4 cm^2，大叶，呈椭圆形；侧脉9对，叶色绿，叶面平，叶身内折，叶质中；叶齿锐度中、密度中、深度浅，叶基楔形，叶尖渐尖，叶缘微波折。

花：花冠直径4.5 cm，花瓣7枚，白色；子房3室、多毛，花柱长1.2 cm，先端3裂。

果实与种子：果实三角形或肾形，果径1.7 cm；种子近球形，种径1.0 cm。

品质性状

适制红茶和绿茶。

龙胜荔枝沟野茶

Camellia sinensis 'Longsheng Lijzhigou Yecha'

基本信息

品种类型：地方品种

原产地：广西壮族自治区桂林市龙胜各族自治县

保存地：广西壮族自治区龙胜各族自治县

观测地点：广西壮族自治区龙胜各族自治县

植物学特征和生物学特性

树体：灌木、树姿开张。

新梢：芽叶紫绿色、茸毛中。

叶片：叶片着生水平，叶长10.2 cm，叶宽4.6 cm，叶面积32.8 cm^2，中叶，呈椭圆形；侧脉8对，叶色深绿，叶面平，叶身内折，叶质中；叶齿锐度中、密度中、深度中，叶基楔形，叶尖钝尖，叶缘微波折。

龙胜泥塘村1号

Camellia sinensis var. *pubilimba* 'Longsheng Nitangcun 1'

基本信息

品种类型：地方品种

原产地：广西壮族自治区桂林市龙胜各族自治县

保存地：广西壮族自治区龙胜各族自治县

观测地点：广西壮族自治区龙胜各族自治县

植物学特征和生物学特性

树体：小乔木，树姿直立。

新梢：芽叶黄绿色、茸毛少。

叶片：叶片着生水平，叶长16.5 cm，叶宽5.7 cm，叶面积65.8 cm^2，特大叶，呈长椭圆形；侧脉9对，叶色绿，叶面微隆起，叶身平，叶质硬；叶齿锐度中、密度中、深度中，叶基楔形、叶尖急尖，叶缘波折。

江华苦茶

Camellia sinensis 'Jianghua Kucha'

基本信息

品种类型：地方品种

原产地：湖南省永州市江华瑶族自治县

保存地：湖南省江华瑶族自治县

观测地点：湖南省江华瑶族自治县

植物学特征和生物学特性

树体：小乔木，树姿半开张，生长势中等。

新梢：一芽一叶期3月上旬，一芽二叶期3月中旬，芽叶绿色、茸毛少。

叶片：叶片着生上斜，叶长12.5 cm，叶宽4.3 cm，叶面积37.6 cm^2，大叶，呈椭圆形；侧脉9对，叶色绿，叶面隆起，叶身内折，叶质中；叶齿锐度锐、密度中、深度中，叶基楔形，叶尖渐尖，叶缘波折。

花：盛花期11月中旬，萼片5枚、绿色、无茸毛；花冠直径4.2 cm，花瓣7枚、白色；子房有茸毛，花柱长1.3 cm，花柱3裂，裂位中，雌蕊高。

果实与种子：果实球形，果径2.5 cm；种子球形或半球形，种径1.3 cm，种皮棕褐色，种子百粒重142.6 g。

品质性状

适制红茶。

水浸出物42.3%，咖啡碱2.6%，茶多酚30.4%，游离氨基酸4.0%。

城步峒茶

Camellia sinensis 'Chengbu Dongcha'

基本信息

品种类型：地方品种

原产地：湖南省邵阳市城步苗族自治县

保存地：湖南省城步苗族自治县

观测地点：湖南省城步苗族自治县

植物学特征和生物学特性

树体：小乔木，树姿半开张，生长势中等。

新梢：一芽一叶期3月下旬，一芽二叶期4月上旬，芽叶绿色、茸毛少。

叶片：叶片着生上斜，叶长14.8 cm，叶宽4.6 cm，叶面积47.6 cm^2，大叶，呈椭圆形；侧脉9对，叶色绿，叶面隆起，叶身内折，叶质中；叶齿锐度锐、密度中、深度中，叶基楔形，叶尖渐尖，叶缘波折。

花：盛花期11月中旬，萼片5枚、绿色、无茸毛；花冠直径4.3 cm，花瓣7枚、白色；子房有茸毛，花柱长1.4 cm，花柱3裂，裂位中，雌蕊高。

果实与种子：果实球形，果径2.6 cm；种子球形或半球形，种径1.4 cm，种皮棕褐色，种子百粒重145.8 g。

品质性状

适制红茶。

水浸出物42.5%，咖啡碱2.5%，茶多酚31.7%，游离氨基酸4.3%。

汝城白毛茶

Camellia sinensis var. *pubilimba* 'Rucheng Baimaocha'

基本信息

品种类型：地方品种
原产地：湖南省郴州市汝城县
保存地：湖南省汝城县
观测地点：湖南省汝城县

植物学特征和生物学特性

树体：小乔木，树姿半开张，生长势中等。

新梢：一芽一叶期3月上旬，一芽二叶期3月中旬，芽叶绿色、茸毛多。

叶片：叶片着生上斜，叶长12.5 cm，叶宽4.3 cm，叶面积37.6 cm^2，中叶，呈椭圆形；侧脉9对，叶色绿，叶面隆起，叶身内折，叶质中；叶齿锐度锐、密度中、深度中，叶基楔形，叶尖渐尖，叶缘波折。

花：盛花期11月中旬，萼片5枚、绿色、无茸毛；花冠直径4.2 cm，花瓣7枚、白色；子房有茸毛，花柱长1.3 cm，花柱3裂，裂位中，雌蕊高。

果实与种子：果实球形，果径2.5 cm；种子球形或半球形，种径1.3 cm，种皮棕褐色，种子百粒重142.6 g。

品质性状

适制红茶。

水浸出物42.3%，咖啡碱2.6%，茶多酚29.4%，游离氨基酸4.0%。

莽山野茶

Camellia sinensis 'Mangshan Yecha'

基本信息

品种类型：地方品种

原产地：湖南省郴州市宜章县

保存地：湖南省宜章县

观测地点：湖南省宜章县

植物学特征和生物学特性

树体：灌木，树姿半开张，生长势中等。

新梢：一芽一叶期3月上旬，一芽一叶期3月中旬，芽叶绿色、茸毛中。

叶片：叶片着生上斜，叶长10.1 cm，叶宽3.9 cm，叶面积27.6 cm^2，中叶，呈椭圆形；侧脉9对，叶色绿，叶面隆起，叶身内折，叶质中；叶齿锐度锐、密度中、深度中，叶基楔形，叶尖渐尖，叶缘波折。

花：盛花期11月中旬，萼片5枚、绿色、无茸毛；花冠直径4.2 cm，花瓣7枚、白色；子房有茸毛，花柱长1.3 cm，花柱3裂，裂位中，雌蕊高。

果实与种子：果实球形，果径2.5 cm；种子球形或半球形，种径1.2 cm，种皮棕褐色，种子百粒重142.2 g。

品质性状

适制绿茶。

水浸出物38.5%，咖啡碱2.1%，茶多酚28.4%，游离氨基酸3.7%。

第二章 我国代表性野生茶树图谱

其他野生茶树

221

桂东野茶

Camellia sinensis 'Guidong Yecha'

基本信息

品种类型：地方品种

原产地：湖南省郴州市桂东县

保存地：湖南省桂东县

观测地点：湖南省桂东县

植物学特征和生物学特性

树体：灌木，树姿半开张，生长势中等。

新梢：一芽一叶期3月中旬，一芽二叶期3月下旬，芽叶绿色、茸毛中。

叶片：叶片着生上斜，叶长11.4 cm，叶宽4.0 cm，叶面积31.9 cm^2，中叶，呈椭圆形；侧脉9对，叶色绿，叶面隆起，叶身内折，叶质中；叶齿锐度锐、密度中、深度中，叶基楔形，叶尖渐尖，叶缘波折。

花：盛花期11月中旬，萼片5枚、绿色、无茸毛；花冠直径4.1 cm，花瓣7枚、白色；子房有茸毛，花柱长1.4 cm，花柱3裂，裂位中，雌蕊高。

果实与种子：果实球形，果径2.4 cm；种子球形或半球形，种径1.3 cm，种皮棕褐色，种子百粒重141.7 g。

品质性状

适制绿茶。

水浸出物39.3%，咖啡碱2.3%，茶多酚28.2%，游离氨基酸4.6%。

桂丁茶

Camellia sinensis 'Guidingcha'

基本信息

品种类型：地方品种
原产地：湖南省邵阳市新邵县
保存地：湖南省新邵县
观测地点：湖南省新邵县

植物学特征和生物学特性

树体：灌木，树姿半开张，生长势中等。

新梢：一芽一叶期3月中旬，一芽二叶期3月下旬，芽叶绿色、茸毛中。

叶片：叶片着生上斜，叶长11.3 cm，叶宽4.2 cm，叶面积33.2 cm^2，中叶，呈椭圆形；侧脉9对，叶色绿，叶面隆起，叶身内折，叶质中；叶齿锐度锐、密度中、深度中，叶基楔形，叶尖渐尖，叶缘波折。

花：盛花期11月中旬，萼片5枚、绿色、无茸毛；花冠直径4.2 cm，花瓣7枚、白色；子房有茸毛，花柱长1.3 cm，花柱3裂，裂位中，雌蕊高。

果实与种子：果实球形，果径2.6 cm；种子球形或半球形，种径1.4 cm，种皮棕褐色，种子百粒重140.6 g。

品质性状

适制绿茶。

水浸出物40.6%，咖啡碱2.4%，茶多酚31.6%，游离氨基酸4.7%。

第二章 我国代表性野生茶树图谱

其他野生茶树

新化野茶

Camellia sinensis 'Xinhua Yecha'

基本信息

品种类型：地方品种

原产地：湖南省娄底市新化县

保存地：湖南省新化县

观测地点：湖南省新化县

植物学特征和生物学特性

树体：灌木，树姿半开张，生长势中等。

新梢：一芽一叶期3月中旬，一芽二叶期3月下旬，芽叶绿色、茸毛中。

叶片：叶片着生上斜，叶长11.5 cm，叶宽4.1 cm，叶面积33.0 cm^2，中叶，呈椭圆形；侧脉9对，叶色绿，叶面隆起，叶身内折，叶质中；叶齿锐度锐、密度中、深度中，叶基楔形，叶尖渐尖，叶缘波折。

花：盛花期11月中旬，萼片5枚、绿色、无茸毛；花冠直径4.1 cm，花瓣7枚、白色；子房有茸毛，花柱长1.3 cm，花柱3裂，裂位中，雌蕊高。

果实与种子：果实球形，果径2.5 cm；种子球形或半球形，种径1.3 cm，种皮棕褐色，种子百粒重141.1 g。

品质性状

适制绿茶。

水浸出物38.7%，咖啡碱2.2%，茶多酚29.5%，游离氨基酸4.6%。

其他野生茶树

第二章 我国代表性野生茶树图谱

石门野茶

Camellia sinensis 'Shimen Yecha'

基本信息

品种类型：地方品种
原产地：湖南省常德市石门县
保存地：湖南省石门县
观测地点：湖南省石门县

植物学特征和生物学特性

树体：灌木，树姿半开张，生长势中等。

新梢：一芽一叶期3月下旬，一芽二叶期4月上旬，芽叶绿色、茸毛中。

叶片：叶片着生上斜，叶长12.3 cm，叶宽4.2 cm，叶面积36.2 cm^2，中叶，呈椭圆形；侧脉9对，叶色绿，叶面隆起，叶身内折，叶质中；叶齿锐度锐、密度中、深度中，叶基楔形，叶尖渐尖，叶缘波折。

花：盛花期11月中旬，萼片5枚、绿色、无茸毛；花冠直径4.3 cm，花瓣7枚、白色；子房有茸毛，花柱长1.2 cm，花柱3裂，裂位中，雌蕊高。

果实与种子：果实球形，果径2.6 cm；种子球形或半球形，种径1.4 cm，种皮棕褐色，种子百粒重141.7 g。

品质性状

适制绿茶。

水浸出物37.2%，咖啡碱2.5%，茶多酚27.4%，游离氨基酸3.7%。

其他野生茶树

第二章　我国代表性野生茶树图谱

道溪野茶

Camellia sinensis 'Daoxi Yecha'

基本信息

品种类型：地方品种
原产地：湖南省邵阳市洞口县
保存地：湖南省洞口县
观测地点：湖南省洞口县

植物学特征和生物学特性

树体：灌木，树姿半开张，生长势中等。

新梢：一芽一叶期3月中旬，一芽二叶期3月下旬，芽叶绿色、芽叶茸毛中。

叶片：叶片着生上斜，叶长12.1 cm，叶宽4.2 cm，叶面积35.6 cm^2，中叶，呈椭圆形；侧脉9对，叶色绿，叶面隆起，叶身内折，叶质中；叶齿锐度锐、密度中、深度中，叶基楔形，叶尖渐尖，叶缘波折。

花：盛花期11月中旬，萼片5枚、绿色、无茸毛；花冠直径4.1 cm，花瓣7枚、白色；子房有茸毛，花柱长1.2 cm，花柱3裂，裂位中，雌蕊高。

果实与种子：果实球形，果径2.4 cm；种子球形或半球形，种径1.3 cm，种皮棕褐色，种子百粒重142.7 g。

品质性状

适制绿茶。

水浸出物40.3%，咖啡碱2.2%，茶多酚30.8%，游离氨基酸4.9%。

鸠坑大茶树

Camellia sinensis 'Jiukeng Dachashu'

基本信息

品种类型：地方品种

原产地：浙江省杭州市淳安县

保存地：浙江省淳安县

观测地点：浙江省淳安县

植物学特征和生物学特性

树体：灌木，树姿半开张，生长势强。

新梢：一芽一叶期3月下旬，一芽二叶期4月上旬，芽叶黄绿色、茸毛中等，一芽三叶长7.8 cm，一芽三叶百芽重68.0 g。

叶片：叶片着生上斜，叶长11.3 cm，叶宽4.2 cm，叶面积33.2 cm^2，中叶，呈椭圆形；侧脉9对，叶色深绿，叶面隆起，叶身内折，叶质中；叶齿锐度锐、密度中、深度中，叶基楔形，叶尖渐尖，叶缘波折。

花：盛花期11月中旬，萼片5枚、绿色、无茸毛；花冠直径3.9 cm，花瓣7枚、白色；子房有茸毛，花柱长1.4 cm，花柱3裂，裂位高，雌蕊高。

果实与种子：果实球形，果径2.1 cm；种子球形或半球形，种径1.2 cm，种皮棕褐色，种子百粒重142.4 g。

品质性状

适制绿茶。

水浸出物41.5%，咖啡碱4.0%，茶多酚26.3%，游离氨基酸4.5%。

抗性性状

耐寒性强。

遂川上坳野茶

Camellia sinensis 'Suichuan Shang'ao Yecha'

基本信息

品种类型：地方品种
原产地：江西省吉安市遂川县
保存地：江西省遂川县
观测地点：江西省遂川县

植物学特征和生物学特性

树体：乔木，树姿直立，树高7.2 m，树幅4.3 m。

叶片：叶长15.8 cm，叶宽5.8 cm，叶面积64.2 cm^2，特大叶，呈长椭圆形；侧脉10对，叶色深绿，叶身平，叶面微隆起，叶背茸毛少，叶质中；叶齿锯齿形，叶基楔形，叶尖渐尖，叶缘波折。

第二章 我国代表性野生茶树图谱

野生茶树 其他

宁都小布野茶

Camellia sinensis 'Ningdu Xiaobu Yecha'

基本信息

品种类型：地方品种

原产地：江西省赣州市宁都县

保存地：江西省宁都县

观测地点：江西省宁都县

植物学特征和生物学特性

树体：乔木，树姿直立，树高4.8 m，树幅3.5 m。

叶片：叶片着生近水平，叶长14.0 cm，叶宽5.3 cm，叶面积51.9 cm^2，大叶；叶脉10对，叶色绿，叶身内折，叶面微隆起，叶背茸毛无，叶质柔软；叶齿锐度锐、密度稀、深度中，叶基楔形，叶尖急尖，叶缘微波折。

品质性状

适制绿茶。

抗性性状

耐寒性强。

崇义聂都苦茶

Camellia sinensis 'Chongyi Niedu Kucha'

基本信息

品种类型：地方品种

原产地：江西省赣州市崇义县

保存地：江西省崇义县

观测地点：江西省崇义县

植物学特征和生物学特性

树体：灌木，树姿直立，树高6.0 m，树幅3.5 m。

叶片：叶片着生近水平，叶长15.3 cm，叶宽5.8 cm，叶面积62.1 cm^2，特大叶；叶脉9对，叶色绿，叶身内折，叶面微隆起，叶背无茸毛，叶质中；叶齿呈锯齿形，叶基楔形，叶尖渐尖，叶缘微波折。

品质性状

适制绿茶。

抗性性状

耐寒性强。

于都靖石野茶

Camellia sinensis 'Yudu Jingshi Yecha'

基本信息

品种类型：地方品种

原产地：江西省赣州市于都县

保存地：江西省于都县

观测地点：江西省于都县

植物学特征和生物学特性

树体：灌木，树姿半开张，树高2.9 m，树幅3.3 m×2.9 m。

叶片：叶片着生近水平，叶长8.3 cm，叶宽4.3 cm，叶面积25.0 cm^2，中叶，呈椭圆形；叶脉7对，叶色深绿，叶身内折，叶面平，叶背无茸毛，叶质硬；叶齿锐度钝、密度稀、深度浅，叶基近圆形，叶尖圆尖，叶缘平。

花：萼片5枚、绿色、无茸毛；花冠直径4.1 cm，花瓣6枚、白色、质地中；子房有茸毛，花柱长1.7 cm，花柱3裂，裂位高，雌蕊高。

品质性状

适制绿茶。

抗性性状

耐寒性强。

安远九龙山野茶

Camellia sinensis 'Anyuan Jiulongshan Yecha'

基本信息

品种类型：野生近缘种

原产地：江西省赣州市安远县

保存地：江西省安远县

观测地点：江西省安远县

植物学特征和生物学特性

树体：乔木，树姿开张，树高4.9 m，树幅3.8 m×4.6 m。

叶片：叶片着生状态上斜，叶长16.6 cm，叶宽5.1 cm，叶面积59.3 cm^2，大叶，呈披针形；叶脉9对，叶色深绿，叶身平，叶面微隆起，叶背茸毛少，叶质硬；叶齿锐度锐、密度中、深度浅，叶基楔形，叶尖渐尖，叶缘微波折。

花：萼片5枚、绿色、无茸毛；花冠直径4.6 cm，花瓣6枚、白色、质地厚；子房无茸毛，花柱长1.2 cm，花柱3裂，裂位高，雌雄蕊等高。

果实与种子：果实球形、三方形、肾形，果径2.8 cm，果皮厚度0.2 cm；种子球形、半球形，种径1.5 cm，种皮褐色。

品质性状

适制绿茶。

抗性性状

耐寒性强。

寻乌上平野茶

Camellia sinensis 'Xunwu Shangping Yecha'

基本信息

品种类型：地方品种
原产地：江西省赣州市寻乌县
保存地：江西省寻乌县
观测地点：江西省寻乌县

植物学特征和生物学特性

树体：小乔木，树姿半开张，树高3.4 m，树幅2.1 m×2.2 m。

新梢：芽叶黄绿色、茸毛中。

叶片：叶片着生状态上斜，叶长10.0 cm，叶宽5.2 cm，叶面积36.4 cm^2，中叶，呈长椭圆形；叶脉10对，叶色深绿，叶身内折，叶面平，叶背茸毛多，叶质软；叶齿锐度锐、密度密、深度中，叶基楔形，叶尖渐尖，叶缘平。

花：萼片5枚、绿色、无茸毛；花冠直径3.0 cm，花瓣6枚、微绿色、质地薄；子房有茸毛，花柱长1.0 cm，花柱3裂，裂位高，雌雄蕊等高。

果实与种子：果实球形，果径1.9 cm，果皮厚度0.08 cm；种子球形，种子长宽1.3 cm×1.5 cm，种皮棕色。

品质性状

适制绿茶。

抗性性状

耐寒性强。

全南分水野茶

Camellia sinensis 'Quannan Fenshui Yecha'

基本信息

品种类型：地方品种

原产地：江西省赣州市全南县

保存地：江西省全南县南迳镇

观测地点：江西省全南县

植物学特征和生物学特性

树体：小乔木，树姿直立，树高4.3 m，树幅4.6 m×4.8 m。

叶片：叶片着生状态近上斜，叶长14.1 cm，叶宽5.2 cm，叶面积51.3 cm^2，大叶，呈长椭圆形；叶脉8对，叶色深绿，叶质中；叶齿锐度钝、密度稀、深度浅，叶基楔形，叶身平，叶尖渐尖，叶面平，叶缘微波折，叶背无茸毛。

花：萼片6枚、绿色、有茸毛；花冠直径3.0 cm，花瓣5枚、白色、质地薄；子房有茸毛，花柱长1.2 cm，花柱3裂，裂位高，雌雄蕊等高。

品质性状

适制绿茶。

抗性性状

耐寒性强。

第三章

我国珍稀特异品种图谱

第一节 枝条形态变异品种

福建奇曲

Camellia sinensis 'Fujian Qiqu'

基本信息

品种类型：突变体

原产地：福建省泉州市安溪县

保存地：国家茶树种质资源圃（杭州）

观测地点：浙江省杭州市

植物学特征和生物学特性

树体：灌木，树姿开张。

新梢：一芽一叶期3月下旬，一芽二叶期4月上旬，芽叶黄绿色、茸毛中，一芽三叶长4.2 cm，一芽三叶百芽重24.4 g。

叶片：叶片着生上斜，叶长7.4 cm，叶宽2.7 cm，叶面积13.9 cm^2，小叶，呈长椭圆形；侧脉8对，叶色绿，叶面平，叶身内折，叶片革质稍软；叶齿锐度锐、密度密、深度浅，叶基楔形，叶尖渐尖，叶缘波折。

花：盛花期10月下旬，萼片5枚、绿色、无茸毛；花冠直径3.3 cm，花瓣7枚、白色；子房茸毛多，花柱长1.1 cm，花柱3裂，裂位中，雌蕊高。

品质性状

咖啡碱4.7%，茶多酚21.7%，游离氨基酸2.3%。

枝条形态变异品种

第三章 我国珍稀特异品种图谱

涟源奇曲

Camellia sinensis 'Lianyuan Qiqu'

基本信息

品种类型：品系

原产地：湖南省娄底市涟源市

保存地：国家茶树种质资源圃（杭州）

观测地点：浙江省杭州市

植物学特征和生物学特性

树体：灌木，树姿开张。

新梢：一芽一叶期4月上旬，一芽二叶期4月中旬，芽叶绿色、茸毛少，一芽三叶长5.9 cm，一芽三叶百芽重32.5 g。

叶片：叶片着生平，叶长8.7 cm，叶宽3.2 cm，叶面积19.5 cm^2，小叶，呈长椭圆形；侧脉10对，叶色深绿，叶面平，叶身内折，叶片革质稍软；叶齿锐度锐、密度密、深度浅，叶基楔形，叶尖渐尖，叶缘波折。

花：盛花期10月下旬，萼片5枚、绿色、无茸毛；花冠直径3.7 cm，花瓣7枚、白色；子房茸毛多，花柱长0.9 cm，花柱3裂，裂位中，雌雄蕊等高。

品质性状

咖啡碱3.4%，茶多酚38.1%，游离氨基酸2.6%。

儿茶素总量116.20 mg/g，其中EGCG 61.48 mg/g，EGC 12.86 mg/g，EC 19.50 mg/g，ECG 13.70 mg/g，GC 3.48 mg/g，GCG 3.54 mg/g，CG 0.56 mg/g，C 1.07 mg/g。

第二节 新梢芽叶白(黄)化变异品种

白鸡冠

Camellia sinensis 'Baijiguan'

基本信息

品种类型：地方品种
原产地：福建省武夷山市
保存地：国家茶树种质资源圃（杭州）
观测地点：浙江省杭州市

植物学特征和生物学特性

树体：灌木，树姿半开张，生长势中等。

新梢：一芽一叶期4月下旬，一芽二叶期5月上旬，芽叶黄绿色、茸毛少，一芽三叶长6.6 cm，一芽三叶百芽重57.0 g。

叶片：叶片着生上斜，叶长8.8 cm，叶宽3.4 cm，叶面积20.9 cm^2，中叶，呈椭圆形；侧脉9对，叶色绿，叶面隆起，叶身内折，叶质中；叶齿锐度锐、密度中、深度中，叶基楔形，叶尖渐尖，叶缘波折。

花：盛花期11月中旬，萼片5枚、绿色、无茸毛；花冠直径3.3 cm，花瓣7枚、白色；子房有茸毛，花柱长1.3 cm，花柱3裂，裂位中，雌蕊高。

果实与种子：果实球形或肾形，果径2.2 cm；种子球形或半球形，种径1.4 cm，种皮棕褐色，种子百粒重145.5 g。

品质性状

适制乌龙茶。

水浸出物42.7%，咖啡碱4.1%，茶多酚21.1%，游离氨基酸4.2%。

抗性性状

耐寒性强。

新梢芽叶白（黄）化变异品种

第三章 我国珍稀特异品种图谱

黄金菊

Camellia sinensis 'Huangjinju'

基本信息

品种类型：品系
原产地：江西省九江市修水县
保存地：国家茶树种质资源圃（杭州）
观测地点：浙江省杭州市

植物学特征和生物学特性

树体：灌木，树姿半开张。

新梢：一芽一叶期3月下旬，一芽二叶期4月上旬，芽叶黄绿泛紫色、茸毛中，一芽三叶长7.1 cm，一芽三叶百芽重36.8 g。

叶片：叶片着生上斜，叶长7.6 cm，叶宽3.5 cm，叶面积18.6 cm^2，小叶，呈椭圆形；侧脉9对，叶色绿，叶面平，叶身平，叶质中；叶齿锐度中、密度中、深度浅，叶基楔形，叶尖渐尖，叶缘平。

花：盛花期11月上旬，萼片5枚、紫红色、有茸毛；花冠直径3.8 cm，花瓣7枚、白色；子房有茸毛，花柱长2.6 cm，花柱3裂，裂位中，雌蕊高。

果实与种子：果实球形或三角形，果径2.1 cm；种子球形，种径1.3 cm，种皮棕褐色，种子百粒重110.0 g。

品质性状

适制绿茶、兼制红茶。烘青绿茶外形细嫩黄绿（87分），汤色绿亮（91分），香气纯正（85分），滋味醇爽略涩（86分），叶底嫩黄鲜亮（92分），感官审评总分87分。水浸出物49.4%，咖啡碱3.4%，茶多酚20.1%，游离氨基酸4.2%，茶氨酸2.7%。儿茶素总量92.23 mg/g，其中EGCG 63.22 mg/g，EGC 3.41 mg/g，EC 1.86 mg/g，ECG 15.23 mg/g，GC 3.14 mg/g，GCG 3.61 mg/g，CG 0.47 mg/g，C 1.30 mg/g。

抗性性状

耐寒性、耐旱性强。茶炭疽病抗性强。

新梢芽叶白（黄）化变异品种

第二章 我国珍稀特异品种图谱

257

越乡白茶

Camellia sinensis 'Yuexiang Baicha'

基本信息

品种类型：品系
原产地：浙江省嵊州市
保存地：国家茶树种质资源圃（杭州）
观测地点：浙江省杭州市

植物学特征和生物学特性

树体：灌木，树姿半开张，生长势中等。

新梢：一芽一叶期4月上旬，一芽二叶期4月中旬，芽叶黄白色、茸毛少，一芽三叶长8.8 cm，一芽三叶百芽重45.4 g。

叶片：叶片着生稍上斜，叶长8.9 cm，叶宽3.0 cm，叶面积18.7 cm^2，小叶，呈披针形；侧脉8对，叶色深绿，叶面平，叶身稍背卷，叶质中；叶齿锐度中、密度中、深度浅，叶基楔形，叶尖渐尖，叶缘平。

花：盛花期11月上旬，萼片5枚、绿色、无茸毛；花冠直径3.6 cm，花瓣7枚、白色；子房有茸毛，花柱长1.1 cm，花柱3裂，裂位中，雌蕊高于雄蕊。

品质性状

适制绿茶。

咖啡碱3.1%，茶多酚18.15%，游离氨基酸6.28%。

新梢芽叶白（黄）化变异品种

第三章 我国珍稀特异品种图谱

天台白茶

Camellia sinensis 'Tiantai Baicha'

基本信息

品种类型：品系
原产地：浙江省台州市天台县
保存地：国家茶树种质资源圃（杭州）
观测地点：浙江省杭州市

植物学特征和生物学特性

树体：灌木，树姿半开张，生长势中等。

新梢：一芽一叶期3月下旬，一芽二叶期4月上旬，芽叶绿白色、茸毛少，一芽三叶长5.5 cm，一芽三叶百芽重28.5 g。

叶片：叶片着生稍上斜，叶长8.8 cm，叶宽4.1 cm，叶面积25.3 cm^2，中叶，呈长椭圆形；侧脉8对，叶色绿，叶面平，叶身内折，叶片质地柔软；叶齿锐度锐、密度中、深度浅，叶基楔形，叶尖渐尖，叶缘微波折。

花：盛花期11月上旬，萼片5枚、绿色、无茸毛；花冠直径3.5 cm，花瓣6枚、白色；子房有茸毛，花柱长1.4 cm，花柱3裂，裂位中，雌雄蕊等高。

品质性状

水浸出物45.8%，咖啡碱3.0%，茶多酚20.4%，游离氨基酸4.2%。

适制绿茶，香气清香（91分），滋味清爽（90分），感官审评总分91.1分。

新梢芽叶白（黄）化变异品种

第二章 我国珍稀特异品种图谱

御金香

Camellia sinensis 'Yujinxiang'

基本信息

品种类型：育成品种

原产地：浙江省宁波市余姚市

保存地：国家茶树种质资源圃（杭州）

观测地点：浙江省杭州市

植物学特征和生物学特性

树体：灌木，树姿半开张，生长势中等。

新梢：一芽一叶期3月底，一芽二叶期4月上旬，芽叶乳黄色、茸毛少。

叶片：叶片着生平，叶长9.5 cm，叶宽4.5 cm，叶面积29.9 cm^2，中叶，呈长椭圆形；侧脉8对，叶色绿，叶面平，叶身平，叶片质地柔软；叶齿锐度锐、密度中、深度中，叶基楔形，叶尖渐尖，叶缘微波折。

花：盛花期11月上旬，萼片5枚、绿色、无茸毛；花冠直径3.7 cm，花瓣6枚、白色；子房有茸毛，花柱长1.5 cm，花柱3裂，裂位中，雌蕊高于雄蕊。

品质性状

适制绿茶。

咖啡碱3.3%，茶多酚16.4%，游离氨基酸4.5%。

新梢芽叶白（黄）化变异品种

第三章 我国珍稀特异品种图谱

安吉黄茶

Camellia sinensis 'Anji Huangcha'

基本信息

品种类型：品系
原产地：浙江省湖州市安吉县
保存地：国家茶树种质资源圃（杭州）
观测地点：浙江省杭州市

植物学特征和生物学特性

树体：灌木，树姿半开张，生长势弱等。

新梢：一芽一叶期3月底或4月初，一芽二叶期4月上旬，芽叶奶黄色，芽叶茸毛少。

叶片：叶片着生稍上斜，叶长8.7 cm，叶宽3.4 cm，叶面积20.7 cm^2，中叶，呈长椭圆形；侧脉5对，叶色绿，叶面平，叶身内折，叶质硬；叶齿锐度锐、密度密、深度浅，叶基楔形，叶尖渐尖，叶缘微波折。

花：盛花期11月上旬，萼片5枚、绿色、无茸毛；花冠直径3.7 cm，花瓣6枚、白色；子房有茸毛，花柱长1.0 cm，花柱3裂，裂位中，雌雄蕊等高。

品质性状

适制绿茶。

咖啡碱3.3%，茶多酚15.5%，游离氨基酸4.3%。

新梢芽叶白（黄）化变异品种

第二章 我国珍稀特异品种图谱

黄金芽

Camellia sinensis'Huangjinya'

基本信息

品种类型：育成品种
原产地：浙江省宁波市余姚市
保存地：国家茶树种质资源圃（杭州）
观测地点：浙江省杭州市

植物学特征和生物学特性

树体：灌木，树姿半开张，生长势弱等。

新梢：一芽一叶期3月底或4月初，一芽二叶期4月上旬，芽叶金黄色、茸毛少。

叶片：叶片着生稍上斜，叶长5.8 cm，叶宽2.2 cm，叶面积8.9 cm^2，小叶，呈长椭圆形；侧脉5对，叶色绿，叶面平，叶身稍背卷，叶质中；叶齿锐度锐、密度中、深度中，叶基楔形，叶尖渐尖，叶缘微波折。

花：盛花期10月下旬，萼片5枚、绿色、无茸毛；花冠直径3.6 cm，花瓣7枚、白色；子房有茸毛，花柱长1.0 cm，花柱3裂，裂位中，雌雄蕊等高。

品质性状

适制绿茶。

咖啡碱3.3%，茶多酚17.9%，游离氨基酸3.7%。

新梢芽叶白（黄）化变异品种

第三章 我国珍稀特异品种图谱

267

花叶

Camellia sinensis 'Huaye'

基本信息

品种类型：品系
原产地：浙江省杭州市
保存地：国家茶树种质资源圃（杭州）
观测地点：浙江省杭州市

植物学特征和生物学特性

树体：灌木，树姿半开张，生长势强。

新梢：一芽一叶期4月上旬，一芽二叶期4月中旬，芽叶金黄带紫色、茸毛少。

叶片：叶片着生稍上斜，叶长5.4 cm，叶宽2.4 cm，叶面积9.1 cm^2，小叶，呈长椭圆形；侧脉7对，叶色绿，叶面平，叶身内折，叶质硬；叶齿锐度锐、密度密、深度中，叶基楔形，叶尖渐尖，叶缘平。

花：盛花期11月上旬，萼片5枚、绿色、无茸毛；花冠直径4.1 cm，花瓣6枚、白色；子房茸毛多，花柱长1.2 cm，花柱3裂，裂位中，雌蕊高于雄蕊。

品质性状

适制绿茶。外形较紧结、略卷曲、显毫、黄绿，汤色浅嫩黄明亮，香气较清高，微有花香，滋味浓醇鲜爽，叶底细嫩显芽、黄绿，感官审评总分90.4分。

咖啡碱3.5%，茶多酚20.5%，游离氨基酸5.5%。

新梢芽叶白（黄）化变异品种

第三章 我国珍稀特异品种图谱

景宁白茶1号

Camellia sinensis 'Jingning Baicha 1'

基本信息

品种类型：育成品种
原产地：浙江省丽水市景宁畲族自治县
保存地：国家茶树种质资源圃（杭州）
观测地点：浙江省杭州市

植物学特征和生物学特性

树体：灌木，树姿半开张，生长势中等。

新梢：一芽一叶期3月底或4月初，一芽二叶期4月上旬，芽叶乳白色、茸毛少。

叶片：叶片着生稍上斜，叶长4.8 cm，叶宽2.2 cm，叶面积7.4 cm^2，小叶，呈长椭圆形；侧脉8对，叶色绿，叶面平，叶身内折，叶质硬；叶齿锐度中、密度密、深度中，叶基楔形，叶尖渐尖，叶缘平。

花：盛花期11月上旬，萼片6枚、绿色、无茸毛；花冠直径4.1 cm，花瓣6枚、白色；子房茸毛中等，花柱长1.2 cm，花柱3裂，裂位中，雌蕊高于雄蕊。

品质性状

适制绿茶。外形紧结、略卷曲、有毫，嫩绿间嫩黄，汤色浅绿、清澈明亮，香气高鲜、略有栗香，滋味清鲜甘和叶底细嫩显芽、玉黄隐绿，感官审评总分92.8分。咖啡碱3.8%，茶多酚16.5%，游离氨基酸5.4%，茶氨酸2.4%。

新梢芽叶白（黄）化变异品种

景宁白茶2号

Camellia sinensis 'Jingning Baicha 2'

基本信息

品种类型：育成品种
原产地：浙江省丽水市景宁畲族自治县
保存地：国家茶树种质资源圃（杭州）
观测地点：浙江省杭州市

植物学特征和生物学特性

树体：灌木，树姿半开张，生长势中等。

新梢：一芽一叶期3月底或4月初，一芽二叶期4月上旬，芽叶乳白色、茸毛少。

叶片：叶片着生稍上斜，叶长4.8 cm，叶宽2.2 cm，叶面积7.4 cm^2，小叶，呈长椭圆形；侧脉7对，叶色深绿，叶面平，叶身内折，叶质硬；叶齿锐度中、密度稀、深度中，叶基楔形，叶尖渐尖，叶缘平。

花：盛花期11月上旬，萼片6枚、绿色、无茸毛；花冠直径4.1 cm，花瓣6枚、淡绿色；子房茸毛中等，花柱长1.1 cm，花柱3裂，裂位中，雌雄蕊等高。

品质性状

适制绿茶。外形细紧、略卷曲、微有毫、嫩绿带翠间嫩黄、汤色嫩绿、清澈明亮，香气清高、略有花香，滋味甘醇鲜爽，叶底细嫩显芽、玉黄隐绿，感官审评总分92.6分。咖啡碱3.2%，茶多酚16.6%，游离氨基酸5.7%，茶氨酸2.4%。

新梢芽叶白（黄）化变异品种

第三章 我国珍稀特异品种图谱

小叶白茶

Camellia sinensis 'Xiaoye Baicha'

基本信息

品种类型：地方品种
原产地：浙江省杭州市淳安县
保存地：国家茶树种质资源圃（杭州）
观测地点：浙江省杭州市

植物学特征和生物学特性

树体：灌木，树姿半开张，生长势中等。

新梢：一芽一叶期3月底或4月初，一芽二叶期4月上旬，芽叶白色、茸毛中等，一芽三叶长5.8 cm，一芽三叶百芽重43.0 g。

叶片：叶片着生上斜，叶长7.6 cm，叶宽2.5 cm，叶面积13.3 cm^2，小叶，呈长椭圆形；侧脉5对，叶色深绿，叶面平，叶身内折，叶质中；叶齿锐度锐、密度中、深度深，叶基楔形，叶尖渐尖，叶缘波折。

花：盛花期11月中旬，萼片5枚、浅绿色、无茸毛；花冠直径3.2 cm，花瓣6枚、白色；子房有茸毛，花柱长1.2 cm，花柱3裂，裂位浅，雌蕊与雄蕊等高。

果实与种子：果实球形；种子球形或半球形，种皮棕褐色。

品质性状

适制绿茶。

水浸出物44.2%，咖啡碱3.7%，茶多酚16.2%，游离氨基酸5.8%。

抗性性状

耐寒性中等。

新梢芽叶白（黄）化变异品种

第二章 我国珍稀特异品种图谱

金边绿叶茶

Camellia sinensis 'Jinbian Lüyecha'

基本信息

品种类型：突变体
原产地：云南省普洱市思茅区
保存地：云南省普洱茶树种质资源圃
观测地点：云南省普洱市

植物学特征和生物学特性

树体：乔木，树姿半开张，生长势中等。

新梢：一芽一叶期3月上旬，一芽二叶期3月中旬，芽叶黄绿色相间、茸毛中等，一芽三叶长7.4 cm，一芽三叶百芽重95.0 g，半成熟叶叶边呈黄色、叶中呈绿色，成熟叶绿泛黄。

叶片：叶片着生上斜，叶长8.6 cm，叶宽3.9 cm，叶面积18.6 cm^2，中叶，呈椭圆形；侧脉10对，叶色绿泛黄，叶面平，叶身内折，叶质硬；叶齿锐度锐、密度密、深度浅，叶基楔形，叶尖钝尖，叶缘稍波折。

品质性状

适制红茶、绿茶。

水浸出物52.6%，咖啡碱3.5%，茶多酚24.3%，游离氨基酸3.3%。

抗性性状

耐旱性强。

新梢芽叶白（黄）化变异品种

第三章 我国珍稀特异品种图谱

第三节 新梢芽叶紫色变异（高花青素）品种

四球红玉

Camellia tachangensis 'Siqiu Hongyu'

基本信息

品种类型：野生近缘种

原产地：贵州省黔西南布依族苗族自治州普安县

保存地：贵州大学茶树资源圃

观测地点：贵州省普安县

植物学特征和生物学特性

树体：小乔木，树姿半开张。

新梢：一芽一叶期3月底或4月初，一芽二叶期4月上旬，芽叶紫红色、无茸毛，一芽三叶长9.8 cm，一芽三叶百芽重76.1 g。

叶片：叶片着生上斜，叶长14.4 cm，叶宽5.2 cm，大叶，呈长椭圆形；叶脉10对，叶色紫绿或深绿，叶面隆起，叶身内折，叶质硬；叶齿锐度中、密度中、深度浅，叶基楔形，叶尖急尖，叶缘平。

花：盛花期11月上旬，萼片5枚、绿色、无茸毛；花冠直径4.8 cm，花瓣8~10枚、白色；子房茸毛无，花柱5裂，裂位浅，雌蕊高。

果实与种子：果实梅花形，果径3.5 cm，果皮厚度2.0 mm；种子球形，种皮棕褐色。

品质性状

适制红茶。

水浸出物48.1%，咖啡碱2.9%，茶多酚26%，氨基酸3.6%。

新梢芽叶紫色变异（高花青素）品种

第三章 我国珍稀特异品种图谱

279

龙井紫芽

Camellia sinensis 'Longjing Ziya'

基本信息
品种类型：品系
原产地：浙江省杭州市西湖区
保存地：国家茶树种质资源圃（杭州）
观测地点：浙江省杭州市

植物学特征和生物学特性
树体：灌木，树姿半开张。
新梢：一芽一叶期3月下旬，一芽二叶期4月上旬，芽叶紫绿色、茸毛少，一芽三叶长9.2 cm，一芽三叶百芽重68.0 g。
叶片：叶片着生上斜，叶长6.6 cm，叶宽3.1 cm，叶面积14.3 cm^2，小叶，呈长椭圆形；侧脉8对，叶色深绿，叶面隆起，叶身内折，叶片革质较软；叶齿锐度锐、密度密、深度浅，叶基楔形，叶尖钝尖，叶缘波折。
花：盛花期10月中旬，萼片5枚、绿色、有茸毛；花冠直径2.8 cm，花瓣7枚、白色；子房有茸毛，花柱长1.0 cm，花柱3裂，裂位中，雌蕊高。
果实与种子：种子球形，种径1.3 cm，种皮棕褐色，种子百粒重113.5 g。

品质性状
水浸出物39.2%，咖啡碱2.4%，茶多酚28.4%，游离氨基酸2.2%。
儿茶素总量94.72 mg/g，其中EGCG 53.15 mg/g，EGC 12.59 mg/g，EC 5.99 mg/g，ECG 15.56 mg/g，GC 3.08 mg/g，GCG 2.18 mg/g，CG 0.37 mg/g，C 1.79 mg/g。
花青素总量3.41 mg/g，其中飞燕草色素2.02 mg/g，矢车菊色素1.07 mg/g，天竺葵色素0.31 mg/g。
烘青绿茶外形墨绿有毫（88分），汤色嫩绿透紫（91分），香气清香（90分），滋味醇爽（91分），叶底绿较亮（87分），感官评审总分89.7分。

抗性性状
耐寒性中。耐旱性强。茶炭疽病抗性强。

新梢芽叶紫色变异（高花青素）品种

格8-7

Camellia sinensis 'Ge 8-7'

基本信息

品种类型：品系。

原产地：浙江省杭州市

保存地：国家茶树种质资源圃（杭州）。

观测地点：浙江省杭州市

植物学特征和生物学特性

树体：灌木，树姿半开张。

新梢：一芽一叶期3月下旬，一芽二叶期4月上旬，芽叶紫色、茸毛中，一芽三叶长6.0 cm，一芽三叶百芽重29.8 g。

叶片：叶片着生上斜，叶长7.8 cm，叶宽3.4 cm，叶面积18.6 cm^2，中叶，呈长椭圆形；侧脉10对，叶色绿，叶面稍隆，叶身平，叶片革质偏软；叶齿锐度锐、密度密、深度浅，叶基楔形，叶尖钝尖，叶缘平。

品质性状

水浸出物47.3%，咖啡碱2.4%，茶多酚16.0%，游离氨基酸4.1%，酚氨比3.9。
儿茶素总量88.88 mg/g，其中EGCG 50.23 mg/g，EGC 14.55 mg/g，ECG 9.42 mg/g，GC 7.27 mg/g，EC 5.05 mg/g，C 2.36 mg/g。
花青素总量4.06 mg/g，其中飞燕草色素2.17 mg/g，矢车菊色素1.44 mg/g，天竺葵色素0.33 mg/g。
烘青绿茶外形墨绿较暗（84分），汤色泛紫较亮（87分），香气清香（91分），滋味清爽（90分），叶底青绿（84分），感官审评总分88.2分。

抗性性状

耐寒性强。

新梢芽叶紫色变异（高花青素）品种

第三章 我国珍稀特异品种图谱

短柱原茶

Camellia sinensis var. *pubilimba* 'Duanzhu Yuancha'

基本信息

品种类型：地方品种
原产地：广西壮族自治区百色市乐业县
保存地：国家茶树种质资源圃（杭州）
观测地点：浙江省杭州市

植物学特征和生物学特性

树体：灌木，树姿半开张。
新梢：一芽一叶期3月下旬，一芽二叶期4月上旬，芽叶紫绿色、茸毛中，一芽三叶长7.3 cm，一芽三叶百芽重49.5 g。
叶片：叶片着生上斜，叶长8.1 cm，叶宽3.3 cm，叶面积18.7 cm^2，中叶，呈长椭圆形；侧脉10对，叶色深绿，叶面隆起，叶身平，叶片革质较硬；叶齿锐度锐、密度密、深度浅，叶基楔形，叶尖渐尖，叶缘波折。

品质性状

水浸出物40.8%，咖啡碱2.9%，茶多酚30.5%，游离氨基酸2.7%，酚氨比11.1。
儿茶素总量149.03 mg/g，其中EGCG 63.99 mg/g，EGC 20.41 mg/g，EC 16.59 mg/g，ECG 32.88 mg/g，GC 4.20 mg/g，GCG 6.57 mg/g，CG 1.06 mg/g，C 3.33 mg/g。
花青素总量2.55 mg/g，其中飞燕草色素1.10 mg/g，矢车菊色素1.22 mg/g，天竺葵色素0.21 mg/g。
烘青绿茶外形墨绿带毫（85分），汤色黄绿稍泛红（88分），香气清香（90分），滋味浓涩（88分），叶底黄绿较亮（88分），感官评审总分88分。

抗性性状

耐寒性、耐旱性强。茶炭疽病抗性强。

新梢芽叶紫色变异（高花青素）品种

第三章 我国珍稀特异品种图谱

建始4号

Camellia sinensis 'Jianshi 4'

基本信息

品种类型：地方品种

原产地：湖北省恩施土家族苗族自治州建始县

保存地：国家茶树种质资源圃（杭州）

观测地点：浙江省杭州市

植物学特征和生物学特性

树体：灌木，树姿半开张。

新梢：一芽一叶期3月底或4月初，一芽二叶期4月上旬，芽叶紫绿色，茸毛少，一芽三叶长7.5 cm，一芽三叶百芽重67.7 g。

叶片：叶片着生上斜，叶长7.9 cm，叶宽3.5 cm，叶面积19.4 cm^2，呈椭圆形；侧脉6对，叶色绿，叶面平，叶身内折，叶革质；叶齿锐度锐、密度中、深度深，叶基楔形，叶尖渐尖，叶缘平。

花：盛花期11月下旬，萼片5枚、绿色、茸毛无；花冠直径2.7 cm，花瓣6枚、白色；子房有茸毛，花柱长1.4 cm，花柱3裂，裂位高，雌蕊高。

果实与种子：果实肾形或球形，果径2.2 cm；种子球形，种径1.3 cm，种皮褐色，种子百粒重129.6 g。

品质性状

咖啡碱3.2%，游离氨基酸3.6%，茶氨酸1.0%。

儿茶素总量121.35 mg/g，其中EGCG 95.83 mg/g，EGC 16.04 mg/g，EC 7.14 mg/g，C 2.05 mg/g。

新梢芽叶紫色变异（高花青素）品种

第三章 我国珍稀特异品种图谱

罗定红芽

Camellia sinensis 'Luoding Hongya'

基本信息

品种类型：地方品种

原产地：广东省云浮市罗定市

保存地：国家茶树种质资源圃（杭州）

观测地点：浙江省杭州市

植物学特征和生物学特性

树体：灌木，树姿半开张。

新梢：一芽一叶期3月底或4月初，一芽二叶期4月上旬，芽叶紫色、茸毛少，一芽三叶长9.8 cm，一芽三叶百芽重83.4 g。

叶片：叶片着生稍上斜，叶长8.6 cm，叶宽3.7 cm，叶面积22.3 cm^2，中叶，呈椭圆形；侧脉7对，叶色绿，叶面平，叶身内折，叶片革质较硬；叶齿锐度锐、密度中、深度浅，叶基楔形，叶尖渐尖，叶缘平。

花：盛花期11月中旬，萼片5枚、绿色、有茸毛；花冠直径3.5 cm，花瓣6枚、白色；子房有茸毛，花柱长1.1 cm，花柱3裂，雌雄蕊等高。

品质性状

咖啡碱2.62%，游离氨基酸2.32%，茶氨酸1.21%。

儿茶素总量125.43 mg/g，其中EGCG 68.71 mg/g，EGC 23.35 mg/g，EC 6.96 mg/g，ECG 8.87 mg/g，GC 7.46 mg/g，GCG 5.98 mg/g，CG 0.44 mg/g，C 2.21 mg/g。

花青素总量2.37 mg/g，其中飞燕草色素1.48 mg/g，矢车菊色素0.75 mg/g，天竺葵色素0.11 mg/g。

新梢芽叶紫色变异（高花青素）品种

湄潭6001

Camellia sinensis 'Meitan 6001'

基本信息

品种类型：品系

原产地：贵州省遵义市湄潭县

保存地：国家茶树种质资源圃（杭州）

观测地点：浙江省杭州市

植物学特征和生物学特性

树体：灌木，树姿半开张。

新梢：一芽一叶期3月下旬，一芽二叶期4月初，芽叶紫色、茸毛多，一芽三叶长11.7 cm，一芽三叶百芽重69.3 g。

叶片：叶片着生上斜，叶长10.7 cm，叶宽3.7 cm，叶面积27.7 cm^2，中叶，呈长椭圆形；侧脉10对，叶色浅绿，叶面平，叶身平，叶片革质稍软；叶齿锐度锐、密度密、深度浅，叶基楔形，叶尖渐尖，叶缘微波折。

品质性状

咖啡碱3.6%，游离氨基酸3.5%，茶氨酸1.3%。

儿茶素总量95.47 mg/g，其中EGCG 52.49 mg/g，EGC 11.57 mg/g，EC 6.35 mg/g，ECG 17.24 mg/g，GC 3.13 mg/g，GCG 2.45 mg/g，CG 0.51 mg/g，C 1.70 mg/g。

花青素总量2.52 mg/g，其中飞燕草色素0.97 mg/g，矢车菊色素1.12 mg/g，天竺葵色素0.38 mg/g。

烘青绿茶外形墨绿显毫（86分），汤色嫩黄明亮泛紫（90分），香气清花香（93分），滋味清爽带花味（92分），叶底黄绿明亮（88分），感官评审总分90.5分。

新梢芽叶紫色变异（高花青素）品种

巫山4号

Camellia sinensis 'Wushan 4'

基本信息

品种类型：地方品种
原产地：重庆市巫山县
保存地：国家茶树种质资源圃（杭州）
观测地点：浙江省杭州市

植物学特征和生物学特性

树体：灌木，树姿开张。

新梢：一芽一叶期3月下旬，一芽二叶期4月初，芽叶紫色、茸毛少，一芽三叶长7.5 cm，一芽三叶百芽重33.2 g。

叶片：叶片着生水平，叶长7.4 cm，叶宽3.6 cm，叶面积18.6 cm^2，小叶，呈椭圆形；侧脉6对，叶色绿，叶面微隆起，叶身平，叶质软；叶齿锐度中、密度密、深度浅，叶基楔形，叶尖渐尖，叶缘波折。

花：盛花期11月下旬，萼片5枚、紫红色、有茸毛；花冠直径3.2 cm，花瓣6枚、白略显淡绿色；子房有茸毛，花柱长1.3 cm，花柱3裂，裂位中，雌雄蕊等高。

果实与种子：果实三角形，果径2.2 cm；种子球形，种径1.2 cm，种皮棕褐色，种子百粒重115.5 g。

品质性状

水浸出物41.5%，咖啡碱3.4%，茶多酚25.5%，游离氨基酸4.6%，酚氨比5.5。

花青素总量2.52 mg/g，其中飞燕草色素1.29 mg/g，矢车菊色素1.05 mg/g，天竺葵色素0.18 mg/g。

烘青绿茶外形墨绿显毫（88分），汤色黄稍带紫红（88分），香气清花香（90分），滋味清爽带花味（92分），叶底绿明靓蓝（88分），感官评审总分89.8分。

新梢芽叶紫色变异（高花青素）品种

第三章 我国珍稀特异品种图谱

资源云雾

Camellia sinensis 'Ziyuan Yunwu'

基本信息

品种类型：地方品种

原产地：广西壮族自治区桂林市资源县

保存地：国家茶树种质资源圃（杭州）

观测地点：浙江省杭州市

植物学特征和生物学特性

树体：灌木，树姿半开张。

新梢：一芽一叶期3月下旬，一芽二叶期4月初，芽叶紫绿色、茸毛中，一芽三叶长6.8 cm，一芽三叶百芽重90.0 g。

叶片：叶片着生水平，叶长7.6 cm，叶宽2.8 cm，叶面积14.9 cm^2，小叶，呈椭圆形；侧脉7对，叶色绿，叶面隆起，叶身内折，叶片革质较硬；叶齿锐度钝、密度密、深度深，叶基近圆，叶尖钝尖，叶缘平。

花：盛花期12月上旬，萼片5枚、绿色、无茸毛；花冠直径4.5 cm，花瓣6枚、白色；子房有茸毛，花柱长1.8 cm，花柱3裂，裂位高，雌蕊高。

果实与种子：果实球形，果径1.5 cm；种子球形，种径1.4 cm，种皮棕色，种子百粒重147.2 g。

品质性状

水浸出物39.4%，咖啡碱3.39%，茶多酚28.4%，游离氨基酸2.41%。

儿茶素总量104.08 mg/g，其中EGCG 57.95 mg/g，EGC 13.51 mg/g，EC 5.43 mg/g，ECG 16.45 mg/g，GC 3.20 mg/g，GCG 4.61 mg/g，CG 0.94 mg/g，C 1.99 mg/g。

花青素总量2.33 mg/g，其中飞燕草色素1.19 mg/g，矢车菊色素0.92 mg/g，天竺葵色素0.17 mg/g。

新梢芽叶紫色变异（高花青素）品种

水塘黑茶

Camellia sinensis var. *assamica* 'Shuitang Heicha'

基本信息

品种类型：地方品种

原产地：云南省普洱市澜沧拉祜族自治县

保存地：云南省普洱茶树种质资源圃

观测地点：云南省普洱市

植物学特征和生物学特性

树体：乔木，树姿开张，生长势中等。

新梢：一芽一叶期3月上旬，一芽二叶期3月中旬，芽及第一叶黄绿色，第二、三叶紫红色，茸毛中，一芽三叶长8.8 cm，一芽三叶百芽重98.0 g。

叶片：叶片着生稍上斜，叶长12.7 cm，叶宽5.4 cm，叶面积48.0 cm^2，大叶，呈椭圆形；侧脉11对，半成熟叶叶面呈紫色，叶背呈绿黄色，成熟叶叶面呈紫绿色、青绿色，叶背呈绿色，叶面隆起，叶身稍内折，叶质中；叶齿锐度锐、密度密、深度中，叶基楔形，叶尖渐尖，叶缘波折。

品质性状

适制红茶。

抗性性状

耐旱性强。

新梢芽叶紫色变异（高花青素）品种

第四节 叶片大小特异品种

一、特大叶品种

蒙蒙茶

Camellia sinensis var. *assamica* 'Mengmengcha'

基本信息

品种类型：地方品种

原产地：云南省红河哈尼族彝族自治州

保存地：云南省普洱茶树种质资源圃

观测地点：云南省普洱市

植物学特征和生物学特性

树体：乔木，树姿开张，生长势中等。

新梢：一芽一叶期3月上旬，一芽二叶期3月中旬，芽叶绿色、茸毛多。

叶片：叶片着生下垂，叶长18.1 cm，叶宽8.7 cm，叶面积110.2 cm^2，特大叶，呈椭圆形；侧脉11对，叶色深绿，叶面隆起，叶身背卷，叶质硬；叶齿锐度锐、密度密、深度浅，叶基楔形，叶尖钝尖，叶缘稍波折。

花：萼片5枚、绿色、有茸毛；花瓣5枚、白略显粉红色；子房有茸毛，花柱3裂，雌雄蕊等高。

果实与种子：果实球形、肾形、三角形，果径3.6 cm×2.4 cm；种子球形或半球形。

品质性状

适制红茶、绿茶。

抗性性状

抗寒、抗旱性弱。

叶片大小特异品种

第三章 我国珍稀特异品种图谱

斗烘坡大茶树

Camellia sp. 'Douhongpo Dachashu'

基本信息

品种类型：野生近缘种

原产地：广西壮族自治区百色市隆林各族自治县

保存地：广西壮族自治区茶叶科学研究所茶树种质圃

观测地点：广西壮族自治区桂林市

植物学特征和生物学特性

树体：乔木，树姿半开张，生长势强。

新梢：芽叶黄绿色、茸毛少。

叶片：叶片着生上斜，叶长19.5 cm，叶宽7.5 cm，叶面积102.4 cm^2，特大叶，呈长椭圆形；侧脉9对，叶色绿，叶面平，叶身内折，叶质中；叶齿锐度中、密度中、深度浅，叶基楔形，叶尖急尖，叶缘平。

果实与种子：果实梅花形。

叶片大小特异品种

第二章 我国珍稀特异品种图谱

海南大叶茶

Camellia sinensis var. *assamica* 'Hainan Dayecha'

基本信息

品种类型：地方品种
原产地：海南省五指山市
保存地：海南省五指山市
观测地点：海南省五指山市

植物学特征和生物学特性

树体：乔木，分枝部位高，树姿半开张。

新梢：一芽一叶期11月中旬，一芽二叶期12月上旬，芽叶黄绿色、茸毛少，一芽三叶长5.5~7.5 cm，一芽三叶百芽重约91.2 g。

叶片：叶片着生上斜或平，叶长15.3 cm，叶宽7.2 cm，叶面积77.1 cm^2，特大叶，呈长椭圆形或椭圆形；侧脉10~11对，叶色黄绿，叶面隆起，叶身稍内折，叶质较厚；叶齿锐度钝、密度稀、深度浅，叶基楔形，叶尖渐尖或钝尖，叶缘微波折。

花：盛花期4—5月，萼片5枚、绿色、无茸毛；花冠直径3.5 cm，花瓣6枚、白色；子房茸毛多，花柱3裂，裂位中，雌蕊稍高。

果实与种子：果实球形、肾形或三角形；种子球形或半球形，种径1.8 cm，种皮棕褐色，种子百粒重202.0 g。

品质性状

适制红茶、绿茶。

水浸出物50.3%，咖啡碱3.4%，茶多酚23.3%，游离氨基酸2.2%。

抗性性状

抗寒、抗旱性弱。

小绿叶蝉抗性较强。

叶片大小特异品种

第三章 我国珍稀特异品种图谱

二、特小叶品种

龙井瓜子茶

Camellia sinensis 'Longjing Guazicha'

基本信息

品种类型：品系
原产地：浙江省杭州市
保存地：国家茶树种质资源圃（杭州）
观测地点：浙江省杭州市

植物学特征和生物学特性

树体：灌木，树姿开张。

新梢：一芽一叶期3月底或4月初，一芽二叶期4月上旬，芽叶绿色、茸毛中，一芽三叶长3.3 cm，一芽三叶百芽重36.8 g。

叶片：叶片着生上斜，叶长4.1 cm，叶宽1.8 cm，叶面积5.2 cm^2，特小叶，呈长椭圆形；侧脉8对，叶色绿，叶面平，叶身平，叶片革质偏软；叶齿锐度锐、密度密、深度浅，叶基楔形，叶尖钝尖，叶缘平。

花：盛花期10月下旬，萼片5枚、绿色、有茸毛；花冠直径2.4 cm，花瓣6枚、白色；子房有茸毛，花柱3裂，雌蕊高。

品质性状

咖啡碱2.8%，游离氨基酸4.9%，茶氨酸1.9%。
儿茶素EGCG 73.6 mg/g，EGC 15.0 mg/g，ECG 33.5 mg/g，EC 8.7 mg/g，C 2.4 mg/g。

抗性性状

耐寒性强。

碧螺春

Camellia sinensis 'Biluochun'

基本信息

品种类型：地方品种

原产地：江苏省苏州市吴中区

保存地：国家茶树种质资源圃（杭州）

观测地点：浙江省杭州市

植物学特征和生物学特性

树体：灌木，树姿半开张。

新梢：一芽一叶期4月初，一芽二叶期4月上旬，芽叶绿色、茸毛中，一芽三叶长6.0 cm，一芽三叶百芽重33.0 g。

叶片：叶片着生平，叶长4.1 cm，叶宽2.0 cm，叶面积5.7 cm^2，特小叶，呈椭圆形；侧脉8对，叶色绿，叶面平，叶身稍内折，叶片革质较软；叶齿锐度锐、密度密、深度浅，叶基楔形，叶尖圆尖，叶缘平。

花：盛花期10月下旬，萼片5枚、绿色、无茸毛；花冠直径2.7 cm，花瓣7枚、白色；子房茸毛多，花柱长1.0 cm，花柱3裂，裂位中，雌蕊高。

品质性状

咖啡碱2.5%，茶多酚14.5%，游离氨基酸4.1%。

儿茶素总量82.03 mg/g，其中EGCG 40.69 mg/g，EGC 14.20 mg/g，EC 4.28 mg/g，ECG 11.09 mg/g，GC 1.99 mg/g，GCG 2.25 mg/g，CG 0.51 mg/g，C 4.25 mg/g。

抗性性状

耐寒性强。

瓜子金

Camellia sinensis 'Guazijin'

基本信息

品种类型：地方品种
原产地：福建省武夷山市
保存地：国家茶树种质资源圃（杭州）
观测地点：浙江省杭州市

植物学特征和生物学特性

树体：灌木，树姿半开张。

新梢：一芽一叶期4月上旬，一芽二叶期4月中旬，芽叶绿色、茸毛中。

叶片：叶片着生上斜，叶长4.4 cm，叶宽1.4 cm，叶面积4.3 cm^2，特小叶，呈长椭圆形；侧脉8对，叶色深绿，叶面平，叶身稍内折，叶片革质偏硬；叶齿锐度锐、密度密、深度浅，叶基楔形，叶尖钝尖，叶缘波折。

花：盛花期11月上旬，萼片5枚、绿色、无茸毛；花冠直径3.6 cm，花瓣6枚、白色；子房茸毛多，花柱长1.0 cm，花柱3裂，裂位中，雌蕊低。

品质性状

咖啡碱2.46%，游离氨基酸4.53%，茶氨酸1.88%。

儿茶素总量135.60 mg/g，其中EGCG 86.80 mg/g，EGC 10.03 mg/g，ECG 26.73 mg/g，EC 7.66 mg/g，C 2.43 mg/g。

抗性性状

耐寒性强。

叶片大小特异品种

第三章 我国珍稀特异品种图谱

第五节 特早生品种

平阳特早茶

Camellia sinensis 'Pingyang Tezaocha'

基本信息

品种类型：地方品种
原产地：浙江省温州市平阳县
保存地：国家茶树种质资源圃（杭州）
观测地点：浙江省杭州市

植物学特征和生物学特性

树体：灌木，树姿半开张，生长势强。

新梢：一芽一叶期3月初或上旬（比福鼎大白茶早10 d以上），一芽二叶期3月上旬或中旬，芽叶绿色、茸毛中，一芽三叶长6.6 cm，一芽三叶百芽重55.6 g。

叶片：叶片着生上斜，叶长8.7 cm，叶宽4.1 cm，叶面积24.9 cm^2，中叶，呈椭圆形；侧脉9对，叶色绿，叶面隆起，叶身平或稍内折，叶质中；叶齿锐度中、密度密、深度深，叶基楔形，叶尖渐尖，叶缘平。

花：盛花期11月下旬，萼片5枚、绿色、无茸毛；花冠直径4.2 cm，花瓣7枚、白色略显淡绿色、质地厚；子房有茸毛，花柱长1.8 cm，花柱3裂，裂位中，雌蕊高。

果实与种子：果实球形，果径2.2 cm；种子球形，种径1.5 cm，种皮棕褐色，种子百粒重111.8 g。

品质性状

水浸出物40.6%，咖啡碱2.5%，茶多酚16.8%，游离氨基酸5.8%。

儿茶素总量86.29 mg/g，其中EGCG 48.77 mg/g，EGC 7.87 mg/g，ECG 17.38 mg/g，EC 4.16 mg/g，GCG 2.68 mg/g，C 2.65 mg/g。

适制绿茶，香气清香（90分），滋味清爽（91分），感官审评总分90.4分。

黄叶早

Camellia sinensis 'Huangyezao'

基本信息

品种类型：地方品种

原产地：浙江省温州市

保存地：国家茶树种质资源圃（杭州）

观测地点：浙江省杭州市

植物学特征和生物学特性

树体：灌木，树姿半开张，生长势强。

新梢：一芽一叶期3月初或上旬（比福鼎大白茶早10 d以上），一芽二叶期3月上旬或中旬，芽叶黄绿色、茸毛中，一芽三叶长6.6 cm，一芽三叶百芽重43.7 g。

叶片：叶片着生上斜，叶长8.7 cm，叶宽3.8 cm，叶面积23.1 cm^2，中叶，呈椭圆形；叶色绿，叶面隆起，叶身平，叶质中；叶齿锐度中、密度密、深度深，叶基楔形，叶尖钝尖，叶缘平。

花：盛花期10月下旬，萼片5枚、绿色、无茸毛；花冠直径3.0 cm，花瓣8枚、白色；子房有茸毛，花柱长1.2 cm，花柱3裂，雌蕊高。

品质性状

咖啡碱2.9%，茶多酚17.8%，游离氨基酸4.7%。

儿茶素总量87.66 mg/g，其中EGCG 56.44 mg/g，EGC 6.61 mg/g，ECG 16.13 mg/g，EC 2.78 mg/g，GCG 1.73 mg/g，C 1.34 mg/g。

特早生品种

第二章 我国珍稀特异品种图谱

313

嘉茗1号

Camellia sinensis 'Jiaming 1'

基本信息

品种类型：地方品种
原产地：浙江省温州市永嘉县
保存地：国家茶树种质资源圃（杭州）
观测地点：浙江省杭州市

植物学特征和生物学特性

树体：灌木，树姿半开张，生长势强。

新梢：一芽一叶期3月上旬（比福鼎大白茶早10 d以上），一芽二叶期3月上旬或中旬，芽叶绿色、茸毛中，一芽三叶长5.0 cm，一芽三叶百芽重40.5 g。

叶片：叶片着生上斜，叶长7.7 cm，叶宽3.4 cm，叶面积18.3 cm^2，小叶，呈椭圆形；叶色绿，叶面隆起，叶身平，叶质中；叶齿锐度中、密度密、深度中，叶基楔形，叶尖钝尖，叶缘微波折。

花：盛花期10月下旬，萼片5枚、绿色、无茸毛；花冠直径3.2 cm，花瓣6枚、白色；子房有茸毛，花柱长1.2 cm，花柱3裂，雌雄蕊等高。

果实与种子：种子球形，种径1.3 cm，种皮棕褐色，种子百粒重72.0 g。

品质性状

咖啡碱3.4%，茶多酚15.6%（22.3%），游离氨基酸4.2%。

儿茶素总量103.80 mg/g，其中EGCG 45.24 mg/g，EGC 14.05 mg/g，ECG 18.05 mg/g，EC 7.68 mg/g，GCG 2.50 mg/g，C 2.59 mg/g。

适制绿茶。烘青茶样外形绿润（92分），汤色绿亮（90分），香气尚纯（84分），滋味尚醇（84），叶底嫩绿（94分）。

特早生品种

第三章 我国珍稀特异品种图谱

315

白毫早

Camellia sinensis 'Baihaozao'

基本信息

品种类型：选育品种
原产地：湖南省长沙市
保存地：国家茶树种质资源圃（杭州）
观测地点：浙江省杭州市

植物学特征和生物学特性

树体：灌木，树姿半开张，生长势强。

新梢：一芽一叶期3月上旬（比福鼎大白茶早10 d以上），一芽二叶期3月中旬，芽叶黄绿色、茸毛多，一芽三叶长7.6 cm，一芽三叶百芽重102.0 g。

叶片：叶片着生稍上斜，叶长8.9 cm，叶宽3.4 cm，叶面积21.2 cm^2，中叶，呈长椭圆形；侧脉7对，叶色绿，叶面平，叶身平或稍内折，叶质中；叶齿锐度钝、密度中、深度浅，叶基楔形，叶尖渐尖，叶缘平。

花：盛花期10月下旬，萼片5枚、绿色、无茸毛；花冠直径2.8 cm，花瓣7枚、白色；子房有茸毛，花柱长1.2 cm，花柱3裂，雌雄蕊等高。

品质性状

水浸出物40.6%，咖啡碱2.1%，茶多酚32.4%，游离氨基酸3.5%。

儿茶素总量85.67 mg/g，其中EGCG 46.42 mg/g，EGC 7.93 mg/g，ECG 17.63 mg/g，EC 6.29 mg/g，GCG 2.22 mg/g，C 3.09 mg/g。

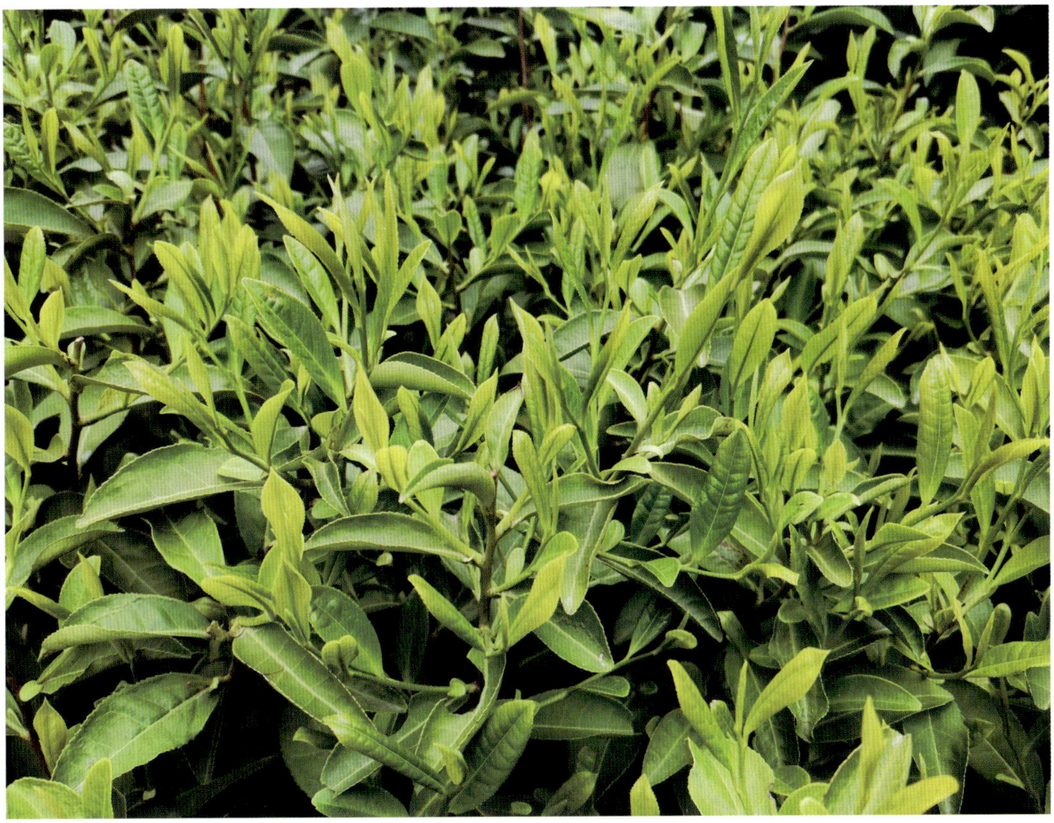

0 1cm 2 3 4 5 6 7 8 9 10 11 12 13 14 15 16 17 18 19 20
deli 6220

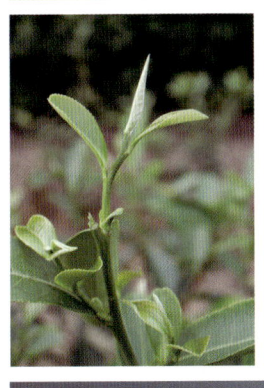

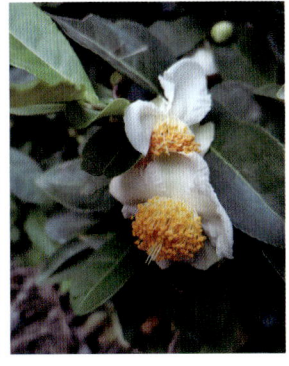

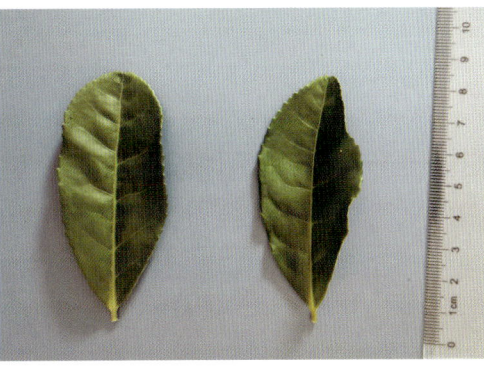

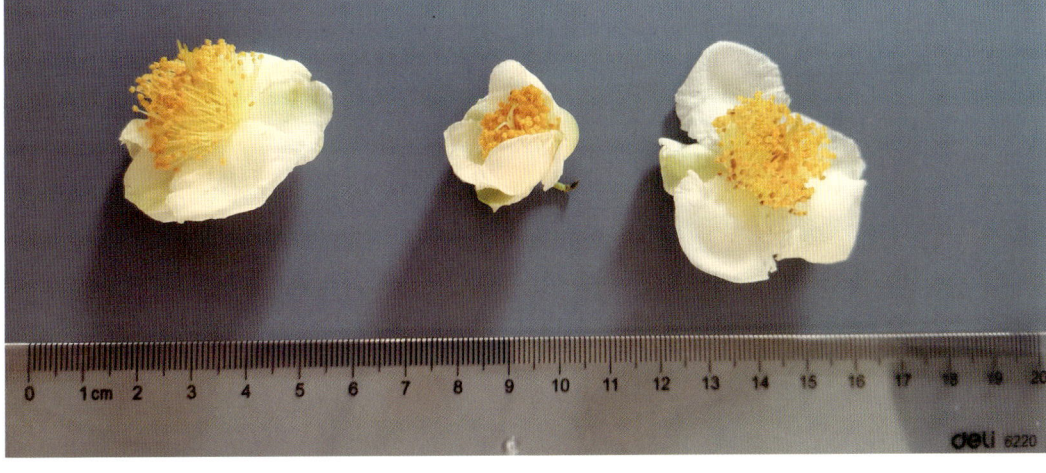

第六节 叶片形态特异品种

一、叶片呈披针形特异品种

綦江柳叶茶

Camellia sinensis 'Qijiang Liuyecha'

基本信息

品种类型：地方品种
原产地：重庆市綦江区
保存地：重庆市綦江区
观测地点：重庆市綦江区

植物学特征和生物学特性

树体：灌木，树姿半开张。

新梢：一芽一叶期3月中旬，一芽二叶期3月下旬，芽叶黄绿色、茸毛较少。

叶片：叶片着生近水平，叶长15.2 cm，叶宽2.9 cm，叶面积30.9 cm^2，中叶，呈披针形；侧脉8对，叶色绿，叶面平，叶身稍内折，叶质中；叶齿锐度钝、密度稀、深度中，叶基楔形，叶尖渐尖，叶缘微波折。

花：盛花期10月上旬，萼片5枚、绿色、茸毛无；花冠直径3.2 cm，花瓣8枚、白色、质地中。

品质性状

水浸出物46.2%，咖啡碱1.3%，茶多酚18.0%，游离氨基酸2.7%。儿茶素总量4.41%。

抗性性状

耐寒性强。

二、叶片呈卵圆形特异品种

红芽佛手

Camellia sinensis 'Hongya Foshou'

基本信息

品种类型：地方品种
原产地：福建省泉州市安溪县
保存地：国家茶树种质资源圃（杭州）
观测地点：浙江省杭州市

植物学特征和生物学特性

树体：灌木，树姿开张。
新梢：一芽一叶期4月上旬，一芽二叶期4月中旬，芽叶紫绿色、茸毛少，一芽三叶长11.3 cm，一芽三叶百芽重147.0 g。
叶片：叶片着生下垂，叶长11.8 cm，叶宽8.8 cm，叶面积47.9 cm^2，大叶，呈卵圆形；侧脉12对，叶色绿，叶面隆起，叶身内折，叶片革质较硬；叶齿锐度钝、密度稀、深度浅，叶基近圆形，叶尖钝尖，叶缘波折。
花：盛花期10月下旬，萼片5枚、绿色、无茸毛；花冠直径4.1 cm，花瓣7枚、白色；花瓣数，子房茸毛多，花柱长1.3 cm，花柱3裂，裂位深，雌雄蕊等高。

品质性状

水浸出物46.2%，茶多酚23.0%，咖啡碱3.9%，游离氨基酸4.3%。
儿茶素总量114.06 mg/g，其中EGCG 52.64 mg/g，EGC 16.41 mg/g，ECG 24.11 mg/g，GC 5.05 mg/g，EC 9.33 mg/g，C 2.45 mg/g。

叶片形态特异品种

第三章 我国珍稀特异品种图谱

三、具有芽鞘的特异品种

琴清绿叶

Camellia sinensis 'Qinqing Lüye'

基本信息

品种类型：地方品种
原产地：广西壮族自治区崇左市宁明县
保存地：国家茶树种质资源圃（杭州）
观测地点：浙江省杭州市

植物学特征和生物学特性

树体：小乔木，树姿直立。

新梢：一芽一叶期3月中旬，一芽二叶期3月下旬，芽叶绿色，春季第一轮萌发芽有芽鞘包裹，新芽萌发伸长后脱落；茸毛少，一芽三叶长7.5 cm，一芽三叶百芽重66.0 g。

叶片：叶片着生稍上斜，叶长9.5 cm，叶宽4.5 cm，叶面积29.9 cm^2，中叶，呈椭圆形；侧脉8对，叶色绿，叶面平，叶身内折，叶片革质较硬；叶齿锐度中、密度中、深度中，叶基楔形，叶尖渐尖，叶缘微波折。

花：盛花期11月上旬，萼片5枚、绿色、有茸毛；花冠直径4.3 cm，花瓣7枚、淡红色；子房有茸毛，花柱长1.3 cm，花柱3裂，裂位低，雌蕊高。

果实与种子：果实球形，果径2.3 cm；种子球形，种径1.3 cm，种皮棕褐色，种子百粒重122.4 g。

品质性状

水浸出物42.6%，咖啡碱4.0%，茶多酚33.4%，游离氨基酸3.2%，茶氨酸2.7%。

适制绿茶，烘青绿茶样汤色嫩黄明亮（91分），香气有清香（88分），滋味浓爽（89分），感官审评总分89.0分。

四、叶片着生高度上斜的特异品种

贵州丛茶

Camellia sinensis 'Guizhou Congcha'

基本信息

品种类型：地方品种

原产地：贵州省遵义市仁怀市

保存地：国家茶树种质资源圃（杭州）

观测地点：浙江省杭州市

植物学特征和生物学特性

树体：灌木，树姿半开张。

新梢：一芽一叶期3月下旬，一芽二叶期4月初，芽叶绿色、茸毛中，一芽三叶长10.4 cm，一芽三叶百芽重106.0 g。

叶片：叶片着生上斜（叶与茎夹角小于15°），叶长8.5 cm，叶宽4.0 cm，叶面积23.8 cm^2，中叶，呈椭圆形；侧脉12对，叶色深绿，叶面隆起，叶身外卷，叶片革质较硬；叶齿锐度锐、密度密、深度深，叶基楔形，叶尖钝尖，叶缘波折。

花：盛花期10月中旬，萼片5枚、绿色、无茸毛；花冠直径2.9 cm，花瓣7枚、白色；子房茸毛多，花柱长1.2 cm，花柱3裂，雌雄蕊等高。

品质性状

咖啡碱4.7%，茶多酚22.7%，游离氨基酸2.6%。

儿茶素总量142.60 mg/g，其中EGCG 94.40 mg/g，EGC 10.6 mg/g。

第七节　品质成分特异品种

一、低（无）咖啡碱品种

麻栗坡7号

Camellia crassicolumna 'Malipo 7'

基本信息

品种类型：野生近缘种

原产地：云南省文山壮族苗族自治州麻栗坡县

保存地：国家茶树种质资源圃（杭州）

观测地点：浙江省杭州市

植物学特征和生物学特性

树体：乔木，树姿开张，生长势中等。

新梢：一芽一叶期4月上旬，一芽二叶期4月中旬，芽叶绿色、茸毛特多，一芽三叶长11.6 cm，一芽二叶百芽重72.7 g。

叶片：叶片着生水平，叶长15.9 cm，叶宽7.0 cm，特大叶，呈椭圆形；叶色深绿，叶面隆起性中，叶身平，叶质中；叶齿锐度钝、密度中、深度中，叶基钝，叶尖钝尖，叶缘平。

花：盛花期11月中旬，萼片5枚、绿色、有茸毛；花冠直径6.0 cm，花瓣8～10枚、白色；子房有茸毛，花柱长1.8 cm，花柱3～4裂，裂位深，雌雄蕊等高。

品质性状

咖啡碱0.0%，茶多酚42.7%，可可碱3.5%，游离氨基酸2.1%。

抗性性状

耐寒性中。

第二章 我国珍稀特异品种图谱

红芽茶5号

Camellia sp. 'Hongyacha 5'

基本信息

品种类型：地方品种
原产地：福建省漳州市平和县
保存地：福建省平和县
观测地点：福建省平和县

植物学特征和生物学特性

树体：乔木，树姿半开张，生长势弱。

新梢：一芽一叶期4月上旬，一芽二叶期4月中旬，芽叶紫绿色、茸毛少，一芽二叶长6.0 cm，一芽二叶百芽重23.7 g。

叶片：叶片着生上斜，叶长11.5 cm，叶宽4.4 cm，叶面积35.4 cm^2，中叶，呈长椭圆形；侧脉9对，叶色深绿，叶面隆起弱，叶身内折，叶质硬；叶齿锐度锐、密度中、深度中，叶基楔形，叶尖渐尖，叶缘微波折。

花：盛花期11月中旬，萼片5枚、绿色、无茸毛；花冠直径2.4 cm，花瓣6或7枚、淡绿色；子房有茸毛，花柱长0.7 cm，花柱3裂，裂位浅，雌雄蕊等高。

果实与种子：果实球形，果径2.2 cm；种子球形或半球形，种径1.4 cm。

品质性状

咖啡碱0.0%，茶多酚23.7%，可可碱6.8%，游离氨基酸2.2%。
制绿茶香气鲜甜、有花果香，滋味尚甘醇、微苦、略涩。

抗性性状

耐寒性较强。

品质成分特异品种

二、高儿茶素或甲基化儿茶素特异品种

双柏7号

Camellia sinensis 'Shuangbai 7'

基本信息

品种类型：地方品种

原产地：云南省楚雄彝族自治州双柏县

保存地：国家茶树种质资源圃（杭州）

观测地点：浙江省杭州市

植物学特征和生物学特性

树体：小乔木或灌木，树姿直立，生长势强。

新梢：一芽一叶期4月上旬，一芽二叶期4月中旬，芽叶绿色、茸毛少，一芽三叶长9.6 cm，一芽三叶百芽重43.0 g。

叶片：叶片着生稍上斜，叶长12.1 cm，叶宽4.0 cm，叶面积33.9 cm^2，中叶，呈披针形；侧脉12对，叶色深绿，叶面平，叶身平，叶质中；叶齿锐度锐、密度密、深度浅，叶基楔形，叶尖渐尖，叶缘微波折。

花：盛花期10月中旬，萼片5枚、绿色、无茸毛。

果实与种子：果实梅花形或球形，果径2.5 cm；种子球形，种径1.3 cm，棕褐色。

品质性状

咖啡碱4.5%。

儿茶素总量229.04 mg/g，其中EGCG 91.42 mg/g，EGC 31.18 mg/g，EC 12.19 mg/g，ECG 28.92 mg/g，GC 18.42 mg/g，GCG 28.92 mg/g，CG 5.31 mg/g，C 12.68 mg/g。

白芽茶32号

Camellia sp. 'Baiyacha 32'

基本信息

品种类型：野生近缘种

原产地：福建省漳州市平和县

保存地：福建省平和县

观测地点：福建省平和县

植物学特征和生物学特性

树体：小乔木，树姿半开张，生长势中等。

新梢：一芽一叶期3月中旬，一芽二叶期3月下旬，芽叶淡绿色、茸毛少，一芽三叶长11.6 cm，一芽三叶百芽重85.0 g。

叶片：叶片着生上斜，叶长13.8 cm，叶宽4.9 cm，叶面积47.3 cm^2，大叶，呈长椭圆形；侧脉11对，叶色深绿，叶面隆起，叶身平，叶质硬；叶齿锐度锐、密度中、深度深，叶基楔形，叶尖渐尖，叶缘微波折。

花：盛花期11月上旬，萼片5枚、绿色、无茸毛；花冠直径3.7 cm，花瓣7枚、白色；子房有茸毛，花柱长1.4 cm，花柱3裂，裂位高，雌蕊高。

果实与种子：果实梅花形、球形或肾形，果径2.8 cm；种子球形或半球形，种径1.5 cm。

品质性状

咖啡碱3.5%，茶多酚20.9%，苦茶碱1.7%，游离氨基酸3.8%。
甲基化儿茶素EGCG3″ Me 0.75%。

适制白茶，制绿茶和乌龙茶因富含苦茶碱滋味苦。

抗性性状

耐寒性强。

中茶紫凝

Camellia sinensis 'Zhongcha Zining'

基本信息

品种类型：品系
原产地：浙江省杭州市
保存地：国家茶树种质资源圃（杭州）
观测地点：浙江省杭州市

植物学特征和生物学特性

树体：灌木，树姿半开张，生长势中等。

新梢：一芽一叶期4月初，一芽二叶期4月上中旬，芽叶紫红色、茸毛少，一芽三叶长7.3 cm，一芽三叶百芽重40.5 g。

叶片：叶片着生上斜，叶长9.9 cm，叶宽2.7 cm，叶面积18.7 cm^2，小叶，呈披针形；叶色绿，叶面微隆起，叶身内折，叶质中；叶齿锐度中、密度稀、深度浅，叶基楔形，叶尖渐尖，叶缘微波折。

花：盛花期10月中旬，萼片5枚、紫红色、无茸毛；花冠直径3.9 cm，花瓣7枚、白色；子房有茸毛，花柱长1.2 cm，花柱3裂，裂位中，雌蕊高。

品质性状

水浸出物42.5%，咖啡碱3.4%，茶多酚14.2%，游离氨基酸4.0%。

富含花青素，相对定量较"紫娟"高15%。

甲基化儿茶素EGCG3″ Me 0.77%。

抗性性状

耐寒性强。

三、高氨基酸（茶氨酸）特异品种

黄金茶

Camellia sinensis 'Huangjincha'

基本信息

品种类型：地方品种

原产地：湖南省湘西土家族苗族自治州保靖县

保存地：湖南省保靖县

观测地点：湖南省保靖县

植物学特征和生物学特性

树体：灌木，树姿半开张，生长势中等。

新梢：一芽一叶期3月上旬，一芽一叶期3月中旬，芽叶浅绿色、茸毛中等。

叶片：叶片着生上斜，叶长13.1 cm，叶宽4.2 cm，叶面积38.5 cm^2，中叶，呈长椭圆形；侧脉9对，叶色绿，叶面隆起，叶身内折，叶质中；叶齿锐度锐，密度中、深度中，叶基楔形，叶尖渐尖，叶缘波折。

花：盛花期11月中旬，萼片5枚、绿色、无茸毛；花冠直径4.1 cm，花瓣7枚、白色；子房有茸毛，花柱长1.2 cm，花柱3裂，裂位中，雌蕊高。

果实与种子：果实球形，果径2.6 cm；种子球形或半球形，种径1.3 cm，种皮棕褐色，种子百粒重141.1 g。

品质性状

水浸出物41.7%，咖啡碱2.2%，茶多酚31.3%，游离氨基酸5.3%。
适制绿茶。

四、高苦茶碱品种

聂都2号

Camellia sinensis 'Niedu 2'

基本信息

品种类型：地方品种

原产地：江西省赣州市崇义县

保存地：国家茶树种质资源圃（杭州）

观测地点：浙江省杭州市

植物学特征和生物学特性

树体：小乔木，树姿半开张。

新梢：一芽一叶期4月中旬，一芽二叶期4月中下旬，芽叶绿色、茸毛少，一芽三叶长6.6 cm，一芽三叶百芽重44.9 g。

叶片：叶片着生稍上斜，叶长9.6 cm，叶宽3.9 cm，叶面积26.2 cm^2，中叶，呈长椭圆形；侧脉9对，叶色深绿，叶面平，叶身内折，叶片革质偏软；叶齿锐度钝、密度中、深度浅，叶基楔形，叶尖急尖，叶缘平。

花：盛花期11月下旬，萼片5枚、绿色、无茸毛；花冠直径4.3 cm，花瓣7枚、白色；子房有茸毛，花柱长1.3 cm，花柱3裂。

品质性状

水浸出物38.6%，咖啡碱4.0%，茶多酚25.6%，游离氨基酸3.2%。

苦茶碱含量1.47%。

制烘青绿茶。花香高锐（94分），滋味浓带苦味（86分），感官审评总分89.3分。

抗性性状

耐寒性强。

聂都3号

Camellia sinensis 'Niedu 3'

基本信息

品种类型：地方品种

原产地：江西省赣州市崇义县

保存地：国家茶树种质资源圃（杭州）

观测地点：浙江省杭州市

植物学特征和生物学特性

树体：灌木，树姿半开张。

新梢：一芽一叶期4月中旬，一芽二叶期4月中下旬，芽叶绿色、茸毛少，一芽三叶长7.6 cm，一芽三叶百芽重58.6 g。

叶片：叶片着生稍上斜，叶长10.2 cm，叶宽4.6 cm，叶面积32.8 cm^2，中叶，呈椭圆形；侧脉8对，叶色绿，叶面平，叶身内折，叶片革质较硬；叶齿锐度钝、密度稀、深度浅，叶基楔形，叶尖急尖，叶缘微波折。

花：盛花期11月下旬，萼片5枚、绿色、无茸毛；花冠直径4.2 cm，花瓣7枚、白色；子房有茸毛，花柱长1.4 cm，花柱3裂，裂位深，雌蕊高。

品质性状

水浸出物39.8%，咖啡碱3.7%，茶多酚26.7%，游离氨基酸3.5%。苦茶碱1.33%。

制烘青绿茶。香气清香（90分），滋味浓带苦味（85分），感官审评总分88.5分。

抗性性状

耐寒性中等。

第二章 我国珍稀特异品种图谱

品质成分特异品种

341

乳源柳坑茶

Camellia sinensis 'Ruyuan Liukengcha'

基本信息

品种类型：地方品种
原产地：广东省韶关市乳源瑶族自治县
保存地：国家茶树种质资源圃（杭州）
观测地点：浙江省杭州市

植物学特征和生物学特性

树体：小乔木，树姿半开张。
新梢：一芽一叶期4月上旬，一芽二叶期4月中旬，芽叶黄绿色、茸毛少，一芽三叶长4.5 cm，一芽三叶百芽重22.3 g。
叶片：叶片着生上斜，叶长7.3 cm，叶宽3.5 cm，叶面积17.8 cm^2，小叶，呈长椭圆形；侧脉8对，叶色绿，叶面平，叶身平，叶片革质较硬；叶齿锐度锐、密度中、深度浅，叶基楔形，叶尖渐尖，叶缘平。
花：盛花期11月上旬，萼片5枚、绿色、无茸毛；花冠直径3.9 cm，花瓣7枚、白色；子房有茸毛，花柱长1.3 cm，花柱3裂，裂位中，雌雄蕊等高。
果实与种子：果实三角形，果径2.5 cm；种子球形，种径1.5 cm，种皮褐色，种子百粒重121.1 g。

品质性状

水浸出物37.2%，咖啡碱3.0%，茶多酚23.2%，游离氨基酸2.5%（其中茶氨酸1.47%）。儿茶素总量104.13 mg/g，其中EGCG 58.76 mg/g，EGC 6.13 mg/g，EC 4.10 mg/g，ECG 18.03 mg/g，GC 4.86 mg/g，GCG 8.63 mg/g，CG 0.57 mg/g，C 3.01 mg/g。
苦茶碱含量3.6%。
制烘青绿茶。清香高锐（93分），滋味浓稍苦（86分），感官审评总分90.3分。

抗性性状

耐寒性较强。

中流苦茶

Camellia sinensis 'Zhongliu Kucha'

基本信息

品种类型：地方品种
原产地：江西省赣州市安远县
保存地：国家茶树种质资源圃（杭州）
观测地点：浙江省杭州市

植物学特征和生物学特性

树体：小乔木，树姿直立。
新梢：一芽一叶期4月上旬，一芽二叶期4月中旬，芽叶淡绿色、茸毛少，一芽三叶长4.0 cm，一芽三叶百芽重27.0 g。
叶片：叶片着生水平，叶长11.9 cm，叶宽5.2 cm，叶面积43.3 cm^2，大叶，呈椭圆形；侧脉8对，叶色绿、叶面微隆起，叶身平，叶片革质较硬；叶齿锐度钝、密度中、深度浅，叶基楔形，叶尖急尖，叶缘微波折。
花：盛花期11月下旬，萼片5枚、绿色、无茸毛；花冠直径3.9 cm，花瓣6~7枚、白色；子房有茸毛，花柱长1.5 cm，花柱3裂，裂位高，雌蕊高。

品质性状

咖啡碱3.4%。
苦茶碱1.4%。

抗性性状

耐寒性弱。

第八节　高抗病虫特异品种

武夷82

Camellia sinensis 'Wuyi 82'

基本信息

品种类型：地方品种
原产地：福建省武夷山市
保存地：国家茶树种质资源圃（杭州）
观测地点：浙江省杭州市

植物学特征和生物学特性

树体：灌木，树姿半开张，生长势强。
新梢：一芽一叶期3月中下旬，一芽二叶期3月下旬，芽叶绿色、茸毛多，一芽三叶长8.3 cm，一芽三叶百芽重66.3 g。
叶片：叶片着生上斜，叶长9.7 cm，叶宽3.9 cm，叶面积26.5 cm^2，中叶，呈椭圆形；侧脉8对，叶色绿，叶面平，叶身平，叶片革质较软；叶齿锐度锐、密度密、深度浅，叶基楔形，叶尖钝尖，叶缘微波折。
花：盛花期11月上旬，萼片5枚、绿色、无茸毛；花冠直径3.9 cm，花瓣7枚、白色、质地中；子房有茸毛，花柱长1.6 cm，花柱3裂，裂位中，雌蕊高。
果实与种子：种子球形或半球形，种径1.4 cm，种皮棕褐色，种子百粒重113.5 g。

品质性状

水浸出物36.7%，咖啡碱2.8%，茶多酚26.4%，游离氨基酸2.5%。
适制绿茶。烘青绿茶外形壮实多毫较绿（90分），香气清香（91分），滋味鲜尚浓（91分），感官审评总分90.7分。

抗性性状

高抗假眼小绿叶蝉。
高抗炭疽病。

高抗病虫特异品种

第二章 我国珍稀特异品种图谱

满地红

Camellia sinensis 'Mandihong'

基本信息

品种类型：地方品种
原产地：福建省武夷山市
保存地：国家茶树种质资源圃（杭州）
观测地点：浙江省杭州市

植物学特征和生物学特性

树体：灌木，树姿半开张，生长势强。

新梢：一芽一叶期4月上旬，一芽二叶期4月上中旬，芽叶绿色或紫绿色、茸毛多，一芽三叶长8.1 cm，一芽三叶百芽重68.1 g。

叶片：叶片着生上斜，叶长14.0 cm，叶宽5.2 cm，叶面积51.0 cm^2，大叶，呈长椭圆形；侧脉9对，叶色绿，叶面平，叶身稍内折，叶片革质较厚软；叶齿锐度中、密度稀、深度中，叶基楔形，叶尖渐尖，叶缘波折。

花：盛花期10月下旬，萼片5枚、绿色、无茸毛；花冠直径6.5 cm，花瓣7枚、白色、质地厚；子房有茸毛，花柱长1.7 cm，花柱3裂，裂位浅，雌蕊高。

果实与种子：果实球形或梅花形；种子球形，种径1.5 cm，种皮棕褐色，种子百粒重89.5 g。

品质性状

水浸出物40.6%，咖啡碱3.3%，茶多酚32.8%，游离氨基酸2.5%。

制烘青绿茶样。外形肥嫩带毫绿润（90分），汤色嫩绿明亮（92分），香气较高（88分），滋味浓（87分），感官审评总分88.1分。

抗性性状

高抗茶橙瘿螨。

高抗炭疽病。

高抗病虫特异品种

第三章 我国珍稀特异品种图谱

参考文献

白鼎臣，何立敏，李彩云，等，2023. 贵州大厂茶珍稀濒危种质资源研究及保护进展[J]. 科技导报，41（4）：58-64.

陈亮，山口聪，王平盛，等，2002b. 利用RAPD进行茶组植物遗传多样性和分子系统学分析[J]. 茶叶科学，22（1）：19-24.

陈亮，王平盛，山口聪，2002a. 应用 RAPD 分子标记鉴定野生茶树种质资源研究[J]. 中国农业科学，35（10）：1186-1191.

陈亮，杨亚军，虞富莲，等，2005. 茶树种质资源描述规范和数据标准[M]. 北京：中国农业出版社.

陈亮，杨亚军，虞富莲，2004. 中国茶树种质资源研究的主要进展和展望[J]. 植物遗传资源学报（4）：389-392.

陈亮，虞富莲，1996. 茶树遗传资源的收集保存和评价利用[J]. 中国茶叶（6）：32-33.

陈亮，虞富莲，童启庆，2000. 关于茶组植物分类与演化的讨论[J]. 茶叶科学，20（2）：89-94.

陈亮，虞富莲，杨亚军，等，2006. 茶树种质资源与遗传改良[M]. 北京：中国农业科学技术出版社.

陈正武，曾庆鸿，2004. 贵州野生茶树和地方品种的利用与保护[J]. 中国茶叶（4）：24-25.

杜琪珍，李名君，刘维华，等，1990. 茶组植物的化学分类及数值分类[J]. 茶叶科学（2）：1-12.

段志芬，杨盛美，唐一春，等，2019. 云南大理茶遗传多样性分析[J]. 山西农业科学，47（12）：2068-2072.

范戎，2015. 木鳖子和防城茶的化学成分及生物活性研究[D]. 昆明：云南中医学院.

龚兴鑫，严毅鹏，吕敏，等，2024. 非靶向代谢组学揭示南昆山毛叶茶（*Camellia ptilophylla*）绿茶和红茶的独特化学成分组成[J]. 食品科学，2024-05-07. https://link.cnki.net/urlid/11.2206.TS.20240506.1609.006.

郭远安，1990. 海南岛野生茶树的调查[J]. 广东农业科学（2）：45.

侯孟月，罗雯，程小毛等，2024. 千家寨不同海拔野生大理茶代谢产物特征[J]. 生态学杂志，43（4）：1092-1101.

季鹏章，汪云刚，蒋会兵，等，2009. 云南大理茶资源遗传多样性的AFLP分析[J]. 茶叶科学，29（5）：329-335.

江济和；邹瑚，1993. 论四川大茶树资源[J]. 茶业通报（3）：20-23.

蒋会兵，唐一春，陈林波，等，2020. 云南省古茶树资源调查与分析[J]. 植物遗传资源学报，21（2）：296-307.

蒋会兵，汪云刚，唐一春，等，2009. 野生茶树大理茶种质资源现状调查[J]. 西南农业学报，22（4）：1153-1157.

金基强，周晨阳，马春雷，等，2014. 我国代表性茶树种质嘌呤生物碱的鉴定[J]. 植物遗传资源学报，15（2）：279-285.

李彩云，宋勤飞，范乔，等，2022. 大厂茶古树与其无性系子代的农艺性状和品质性状比较及综合评价[J]. 南方农业学报，53（2）：343-355.

李朝昌，邓慧群，诸葛天秋，2018. 广西野生古茶树现状、问题及保护利用建议[J]. 广西农学报，33（4）：44-46.

李苗苗，Meegahakumbu Ramkasun，严丽君，等，2015. 核基因组微卫星标记揭示大理茶参与了普洱茶的驯化过程[J]. 植物分类与资源学报，37（1）：29-37.

梁国鲁，周才琼，林蒙嘉，等. 1994. 贵州大树茶核型变异和进化[J]. 植物分类学报，32（4）：308-315.

梁盛业，钟业聪，1981. 中国山茶科的一个新种[J]. 中山大学学报（自然科学版）（3）：118-119.

刘畅，2014. 两种山茶属茶组植物的化学成分研究[D]. 昆明：云南中医学院.

刘声传，曹雨，鄢东海，等，2013. 贵州野生茶树资源地理分布和形态特征与气候要素的关系[J]. 茶叶科学，33（6）：517-525.

刘苇，邓朝义，陈兴，等，2021. 大厂茶茶叶中游离氨基酸及挥发性芳香物质分析[J]. 浙江林业科技，41（3）：1-14.

刘振，2008. 茶树资源核心种质的构建策略研究与EST-SSR标记的初步验证[D]. 北京：中国农业科学院.

毛娟，江鸿键，李崇兴，等，2018. 云南白莺山地区茶树遗传多样性研究[J]. 茶叶科学，38（1）：69-77.

毛娟，江鸿键，杨如兵，等，2021. 野生和栽培大理茶居群的遗传多样性与群体结构[J]. 茶叶科学，41（4）：454-462.

闵天禄，1992. 山茶属茶组植物的订正[J]. 云南植物研究，14（2）：115-132.

闵天禄，2000. 世界山茶属的研究[M]. 昆明：云南科技出版社.

宁功伟，杨盛美，段志芬，等，2023. 云南野生茶树厚轴茶种质资源化学成分多样性分析[J/OL]. 分子植物育种，2023-01-19. https://kns.cnki.net/kcms/detail//46.1068.S.20230118.1701.005.html.

牛素贞，赵支飞，宋勤飞，2020. 贵州野生茶树种质资源立地环境多样性[J]. 浙江农业学报，32（7）：1223-1232.

彭英. 蛋白质亚基的分离及其与茶组植物的分离[J]. 中国茶叶，14（5）：10-11.

宋维希，李荣福，刘本英，等，2014. 云南省普洱市野生茶树地理分布和多样性[J]. 中国农学通报，30（10）：83-91.

孙雪梅，黄玫，刘本英，等，2012. 云南野生茶树的地理分布及形态多样性[J]. 中国农学通报，28（25）：277-288.

唐一春，宋维希，矣兵，等，2010. 低咖啡碱茶树种质资源的鉴定及评价[J]. 西南农业学报，23（4）：1051-1054.

唐一春，杨盛美，季鹏章，等，2009. 云南野生茶树资源的多样性、利用价值及其保护研究[J]. 西南农业学报，22（2）：518-521.

滕杰，曾贞，黄亚辉，2018. 秃房茶嘌呤生物碱组成特点及生化品质成分的研究[J]. 广西植物（5）：568-576.

汪云刚，宋维希，马玲，等，2010. 云南茶组植物的分布[J]. 西南农业学报，23（5）：1750-1753.

王春梅，2012. 四川崇州枇杷茶野生大茶树种质资源调查研究[D]. 雅安：四川农业大学.

王平盛，虞富莲，2002. 中国野生大茶树的地理分布、多样性及其利用价值[J]. 茶叶科学，22（2）：105-108.

王新超，刘振，姚明哲，等，2009. 中国茶树初级核心种质取样策略研究[J]. 茶叶科学，29（2）：159-167.

韦柳花，罗小梅，邓慧群，2017. 广西野生茶树种质资源研究进展[J]. 现代农业科技（15）：51-52.

温顺位，徐代刚，刘学，等，2014. 铜仁市古茶树和野生茶树资源调查与保护利用[J]. 贵州农业科学，42（7）：145-149.

吴华玲，秦丹丹，方开星，等，2024. '南昆山毛叶茶'野生资源调查及其性状研究[J]. 茶叶通讯，51（1）：1-7.

杨凤，刘霞，尹杰，等，2018. 贵州野生茶树种质资源的主要生化成分及抗旱性评价[J]. 西南农业学报，31（6）：1122-1127.

杨盛美，蒋会兵，段志芬，等，2020. 云南野生大理茶种质资源生化成分多样性分析[J]. 中国农学通报，36（35）：48-54.

杨春，杨代星，苏胜峰，等，2024. 贵州两地野生大厂茶嘌呤生物碱与儿茶素组分比较[J]. 浙江农业学报，36（6）：1232-1244.

杨世雄，2021a. 茶组植物的分类历史与思考[J]. 茶叶科学，41（4）：439-453.

杨世雄，2021b. 广西的茶树资源[J]. 广西林业学报，51（4）：414-416.

余玲，2016. 西盟县野生茶树资源的保护与利用[J]. 云南农业（9）：81-84.

张芳赐，1980. 云南山茶属二新种[J]. 云南植物研究，2（3）：341-344.

张宏达，1981a. 茶树的系统分类[J]. 中山大学学报（自然科学版），20（1）：87-99.

张宏达，1981b. 山茶属植物的系统研究[M]. 广州：中山大学出版社.

张宏达，1984. 茶叶植物资源的订正[J]. 中山大学学报（自然科学版），23（1）：1-12.

张宏达，1998. 中国植物志[M]. 北京：科学出版社.

张宏达，叶创兴，张润梅，等，1988. 中国发现新的茶叶资源——'可可茶'[J]. 中山大学学报（3）：131-132.

张颖君，杨崇仁，曾恕芬，等，2010. 白莺山古茶的化学成分分析与栽培茶树的起源[J]. 云南植物研究，32（1）：77-82.

赵东伟，杨世雄，2012. 山茶科大苞茶的再发现及形态特征修订[J]. 热带亚热带植物学报，20（4）：399-402.

中华人民共和国农业部，2007. 农作物种质资源鉴定技术规程 茶树：NY/T 1312—2007[S]. 北京：中国农业出版社.

中华人民共和国农业部种植业管理司，2011. 农作物优异种质资源评价规范 茶树：NY/T 2031—2011[S]. 北京：中国农业出版社.

钟渭基，1980. 四川野生大茶树与茶树原产地问题[J]. 今日种业（2）：32-35.

诸葛天秋，李朝昌，邓慧群，等，2015. 广西野生茶树资源调查[J]. 安徽农业学报，43（29）：1-3.

ASHIHARA H，KATO M，YE C X，1998. Biosynthesis and Metabolism of Purine Alkaloids in Leaves of Cocoa Tea（*Camellia ptilophylla*）[J]. Journal of Plant Research，111：599-604.

CHEN L，ZHOU Z X，2005. Variations of main quality components of tea genetic resources [*Camellia sinensis*（L.）O. Kuntze] preserved in the China National Germplasm Tea Repository[J]. Plant Foods for Human Nutrition，60（1）：31-35.

GAO DF，ZHANG YJ，YANG CR，et al.，2008. Phenolic antioxidants from green tea from Camellia taliensis[J]. Journal of Agricultural and Food Chemistry，56（16）：7517-7521.

HE LM，LUO J，NIU S Z，et al.，2023. Population structure analysis to explore genetic diversity and geographical distribution characteristics of wild tea plant in Guizhou Plateau[J]. BMC Plant Biology，23（1）：255.

JIANG Y Z，YANG S X，2023. Taxonomic notes on *Camellia crassicolumna* and its related species（Theaceae）[J]. Phytotaxa，595（1）：109-114.

JIN J Q，MA J Q，MA C L，et al.，2014. Determination of catechin content inrepresentative Chinese tea germplasms[J]. Journal of Agricultural and Food Chemistry，62（39）：9436-41.

LI W X，XING F，NG W L，et al.，2018. The complete chloroplast genome sequence of *Camellia ptilophylla*（Theaceae）：a natural caffeine-free tea plant endemic to China[J]. Mitochondrial DNA part B：resources，3（1）：426-427.

LINNAEUS C, 1753. Species plantarum I [M]. Stockholm: Impensis Laurentii Salvii.

NIU S Z, SONG Q F, KOIWA H, et al., 2019. Genetic diversity, linkage disequilibrium, and population structure analysis of the tea plant (*Camellia sinensis*) from an origin center, Guizhou plateau, using genomewide SNPs developed by genotyping-by sequencing[J]. BMC Plant Biology, 19: 328.

SEALY J R, 1958. A revision of the genus *Camellia* [M]. London: The Royal Horticultural Society.

TONG Y, WU C Y, GAO L Z, 2013. Characterization of chloroplast microsatellite loci from whole chloroplast genome of Camellia taliensis and their utilization for evaluating genetic diversity of *Camellia reticulata* (Theaceae) [J]. Biochemical Systematics and Ecology, 50: 207-211.

WANG X C, FENG H, CHANG Y X, et al., 2020. Population sequencing enhances understanding of tea plant evolution [J]. Nature Communications, 11: 4447.

WEI K, WANG X C, HAO X Y, et al., 2021. Development of a genome-wide 200K SNP array and its application for high-density genetic mapping and origin analysis of *Camellia sinensis* [J]. Plant Biotechnology Journal, 20(3): 414-416.

XIA E H, TONG W, HOU Y, et al., 2020. The Reference Genome of tea plant and resequencing of 81 diverse accessions provide insights into its genome evolution and adaptation [J]. Molecular Plant, 13: 1013-1026.

YANG J B, YANG J, LI H T, et al., 2009. Isolation and characterization of 15 microsatellite markers from wild tea plant (*Camellia taliensis*) using FIASCO method[J]. Conservation Genetics, 10: 1621-1623.

YANG X R, YE C X, XU J K, et al., 2007. Simultaneous analysis of purine alkaloids and catechins in *Camellia sinensis*, *Camellia ptilophylla* and *Camellia assamica* var. kucha by HPLC[J]. Food Chemistry, 100: 1132-1136.

YAO M Z, MA C L, QIAO T T, et al., 2012. Diversity distribution and population structure of tea germplasms in China revealed by EST-SSR markers [J]. Tree Genetics & Genomes, 8: 205-220.

ZHAO D W, YANG J B, YANG S X, et al., 2014. Genetic diversity and domestication origin of tea plant *Camellia taliensis* (Theaceae) as revealed by microsatellite markers[J]. BMC Plant Biology, 14: 1-12.

ZHU B Y, CHEN L B, LU M Q, et al., 2019. Caffeine content and related gene expression: novel insight into caffeine metabolism in *Camellia* plants containing low, normal, and high caffeine concentrations[J]. Journal of Agricultural and Food Chemistry, 67(12): 3400-3411.